课题研究受以下项目资助：
· 国家自然科学基金项目（41601409）
· 北京市自然科学基金项目（8172016）
· 建筑遗产精细重构与健康监测北京市重点实验室、北京市属高校高水平教师队伍建设
　支持计划长城学者培养计划项目(CIT&TCD20180322)
· 北京建筑大学高精尖项目（2019年）

地下工程基础设施
三维建模及应用

赵江洪　杜明义　黄　明　马思宇　著

WUHAN UNIVERSITY PRESS
武汉大学出版社

图书在版编目(CIP)数据

地下工程基础设施三维建模及应用/赵江洪等著.—武汉:武汉大学出版社,2019.7
ISBN 978-7-307-20937-4

Ⅰ.地… Ⅱ.赵… Ⅲ.地下工程—基础设施建设—计算机辅助设计—研究 Ⅳ.TU94-39

中国版本图书馆 CIP 数据核字(2019)第 103545 号

责任编辑:王 荣　　　责任校对:汪欣怡　　　版式设计:马 佳

出版发行:**武汉大学出版社**　　(430072　武昌　珞珈山)
(电子邮箱:cbs22@whu.edu.cn　网址:www.wdp.whu.edu.cn)
印刷:武汉中科兴业印务有限公司
开本:787×1092　1/16　　印张:6.75　　字数:160 千字　　插页:1
版次:2019 年 7 月第 1 版　　2019 年 7 月第 1 次印刷
ISBN 978-7-307-20937-4　　　定价:26.00 元

前　言

本书主要对地下工程基础设施的逆向三维重建技术进行介绍。

近年来，随着三维激光扫描技术被引入到测绘行业，测绘工作者获取数据的手段和方式得到了极大的改变，数据源的改变带来了技术路线、处理技术、处理手段以及成果展示各个方面的巨大革新。本书正是基于这一技术背景，综合地下工程基础设施三维逆向重建的应用环境，一步步细化提炼而总结出本书的每个章节。

本书所述内容包括基础设施建筑的形态、三维逆向重建数据源、三维重建算法、可视化手段以及地下管线系统软件的设计。同时全书以地下电缆工井以及多个工井连接起来的地下电缆网络作为样例，穿插全书进行讲解。辅之以地下管线系统软件中在三维几何造型方面的代码，供读者进行学习参考。

全书分为七章。第一章绪论、第二章地下工程基础设施三维模型构建及数据组织、第三章地下电缆工井模型构建及几何拓扑重构以及第四章工井电缆模型构建由赵江洪、马思宇、张勇撰写，并提供部分参考代码；第五章工井间管线模型连接及外拓扑连接由黄明、马思宇、贾佳楠撰写；第六章模型三角剖分由赵江洪、张勇、马思宇、张建广撰写；第七章系统实践与应用由黄明、张建广、朱培源、李闪磊、王玥、马思宇、王成、贾佳楠撰写；结语由赵江洪、马思宇进行撰写。全书统稿人为赵江洪。

感谢诸位作者在书稿以及地下管线系统软件的编写中不懈的努力和贡献，同时感谢黄明老师提供的系统框架以及可视化平台。

感谢各位读者的认真阅读，若能为诸位的研究或工作提供一些思路，将感到非常荣幸。

作者

2019 年 5 月

目 录

第一章 绪 论

城市地下管网是发挥城市功能和确保城市快速协调发展的重要基础设施。随着我国加大市政基础设施信息化建设的力度，依赖于施工设计图以及 CAD 图纸的传统城市地下管网已经不能满足设备监控查询的需要，因此，地下管线的逆向重建成为城镇现代化建设中不可或缺的基础资料，也成为城市决策的重要基础资源之一[1]。由于工井内部环境复杂，各类管线纵横交错，井内存在积水、淤泥等情况，使用人工测量等方法难以获取全部的井内信息，并且施工存在一定的危险性。激光雷达技术具有快速性，不接触性，穿透性，实时、动态、主动性，高密度、高精度，数字化、自动化等优点，目前已经被应用于矿井模型的构建[2-4]，采用三维激光技术获取基础数据提高了工井普查的安全性。故地下工程设施建筑依赖于三维激光点云数据的逆向重建成为当今的发展趋势。

图 1-1 城市地下管网示意图

地下管网数据主要由管线与工井两类组成。管线连接方面，卢丹丹等[5]提出一套高精度自动三维建模的方法与思路，利用二维管线普查数据，按照管点和管线段的特点，驱动生成地下管线三维模型，并可同步更新其拓扑关系；毕天平等[6]以二维管线数据为基础，建立三维管网模型数据标准，进行三维管网整体自动建模及可视化；李清泉等[7]以Polyvrt 拓扑结构以及空间实体模型相结合的方法对管网数据进行管理，生成管线模型并记录其拓扑关系。但是在以上的研究中，管网在三维空间数据组织上，一般将地下管网抽象为管点和管线段两种实体，采用"两点一线"的静态层次结构，空间拓扑关系也仅是点与线，线与线之间的关系，缺少了管线数据与对应墙壁之间的线面关系以及管点与管井之间的点面关系。

工井作为多根管线的室内交汇处，井内墙壁上的管孔与电缆连接各有不同，管线交错关系复杂，但是工井可以清晰地反映出地下电缆的拓扑连接关系，对建立地下电缆工井网络模型有十分重要的意义。在工井建模方面，周京春[8]将工井抽象化为井室主体以及井盖两个对象，对其进行 CSG 实体建模；刘军等[9]基于 Skyline 提出建立城市地下管线三维系统的方法，将不同的工井抽象为不同的三维符号，采用 3ds Max 对其进行建模后导入管线系统；王舒等[1]对工井抽象为点模型，赋予平面位置、高程、构筑物等信息；吴思等[10]对地下管线井室进行分类，构建三维井室模型，并基于 DirectX 进行自动化建模。钟远根等[11]在传统管线数据标准基础上，扩充了井室调查内容以满足井室自动建模需要。以上对于工井建模的方法在不同的场景具有不同的优势，但是在三维建模方面都只是将工井作为一个整体进行建模，在拓扑结构方面将工井抽象为一个点与管线进行连接。这些方法缺少工井模型以面为单位的建模方法，并且没有对工井墙壁上的孔洞进行建模。墙面上的孔洞是管线进出工井的渠道，在检测、维护以及新增管线时可通过对应孔洞找寻到需要处理的管线。综合以上原因，对工井进行以面为单位的精细化建模并且表现出墙壁上的孔洞，在施工、生产及维护时都具重要意义。

缆线作为地下管网中能源资源的运输核心，不同学者采用了不同的建模方式对缆线进行表达。Zhang 等[12]对于管线进行了高精度符合实际造型的三维重建研究，模型精确度高但是建模耗时较长，不适合工程应用，并且无法建立管线间的拓扑关系。王舒等[1]采用 Sweep 方法对地下管线进行重建，但未给出满足电缆实际走向的生成方法。扈震等[13]提出管件设施曲面动态套合和模型动态变换两种三维模拟方法用于地下管线模型构建，但是构建的模型与实际有一定误差。王涛等[14]对贯穿于复杂、狭小空间通路的管道设计方面提出了两种不同管道设计方案。谭仁春等[15]与卢小平等[16]对地下管道以及地面建筑进行了集成化的建模与显示，但是缺少对于管道段的分析。综合以上缆线建模现状，在满足缆线精细化建模的同时难以建立缆线间的拓扑关系，而能有效提供管线或者缆线间的拓扑连接关系时又无法满足精细化造型的需求，同时缺少对于堆积在井内的盘余缆线的表示，所以对缆线进行精细化三维模型构建的同时需要关注缆线与缆线之间的拓扑关系具有重要的意义。

在采用点云作为基础数据进行建筑建模方面，许多专家也对其进行了研究。基于三维激光点云数据进行三角网曲面建模是一种高精度逆向重建的方法。Edelsbrunner[17]提出的 Wrapping 算法是一种基于隐式曲面的算法，基于尺度空间和多尺度分析的算法重建效果较好，但是对于大型曲面重建时重建效率较低[18]；对于点云数据采取渐进滤波的方式进行建筑物三维信息的提取，Vosselman[19]利用 3D Hough 变换得到建筑物平面片，从而实现建筑物三维重建的目的。在异构建筑三维拓扑重建方面，贺彪等[20]研究提出的自动拓扑重建算法可以有效解决多源异构建筑物三维拓扑重建，在建筑物内拓扑以及外拓扑方面重建效果良好。以上算法在模型曲面重建上都具有非常重要的参考价值，但是由于扫描数据量大,采用点云直接进行曲面三角网重建效率非常低;由于扫描设备以及扫描条件的限制,使得扫描物体在特定区域或位置均有不同程度的数据缺失以及噪声,常规算法难以重建出此类数据的曲面模型,并且无法对墙面孔洞进行建模。

在三维模型拓扑运算方面,国内外专家也在不懈地探究。通过布尔操作对简单模型进行拓扑重构,可以被认为是塑造复杂模型中最重要并且有效的方法。在布尔运算方面,学者们对于交叉以及边界评估已经进行了很多的研究,从未止步。为了更优雅地对布尔运算进行表达,有些研究者尝试基于隐式表示的方法对布尔运算进行表达[21],最典型的当属构造实体几何模型(constructive solid geometry,CSG)。采用这种隐式表达的方法,布尔运算显得十分简洁,没有冗余信息,数据量较小,修改容易。但是采用 CSG 这种隐式表达的方法存在着一定的缺点:隐式表达方法不能够生成明确的显示表达模型,所以无法支持对于几何元素及其拓扑关系的查询;CSG 难以表示包含自由曲面的;并且难以实现对形体的局部操作。为了克服以上隐式表达的缺点,一些基于体积的布尔表示方法变得更加流行,包括体素(voxel)和表面(surfel)网格等模型表示方法。基于这种表达方式,三维模型的布尔运算可以更加有效并且具有鲁棒性。Chen 等[22]针对网格提出一种更为有效的模型布尔运算方法,采用 LDI(layered depth images)技术来加速三角形元素的分类;Bernstein 等[23]提出了一种在交互式几何建模环境中计算三角网格拓扑变化的方法,可以应用于任意非实体、非流形、非封闭自交曲面,更具有鲁棒性;Schmidt 等[24]摒弃了传统的对网格在交叉曲线上进行精确分割的方法,采用一种自适应的方法重新确定截面区域的输入网格,对于相交的部分三角形进行删除后采用高质量的三角形填充原有区域,能够处理大量面部略微相互穿透或接近重合的情况;Jiang 等[25]在网格公共空间处采用八叉树对其进行划分,来减少交叉检测的时间,这种方式可以更加快速以及具有鲁棒性地对 BRep(boundary representation)网格进行布尔运算。在三维模型布尔运算上,国内外学者致力于不断提升运算的效率以及切割的准确性。

综合以上分析,本书提出一套针对地下工程基础设施进行真实化模拟的精细数字化表达方法,并且设计出适用于具有连接关系的地下建筑组群的拓扑数据结构,可以实现建筑内外的无缝连接。本书中的方法可以解决直接采用点云进行构网情况下模型不完整及速度较慢的问题,并且在拓扑结构上突破传统地下建筑群中单一的管孔与管线的点线连接关系以及管线之间的线线连接关系,添加管孔与墙壁的点面关系以及管线与墙壁的线面关系,在模型描述上更为准确。

第二章 地下工程基础设施三维模型构建及数据组织

2.1 地下工程基础设施三维模型构建

近年来，随着三维激光扫描技术被引入到测绘行业，测绘工作者们获取数据的手段和方式得到了极大的改变。通过利用三维激光扫描仪来实地测量建筑物等空间模型，可以在短时间内获取到海量的点云数据，这些数据量往往都能够达到 GB 级甚至 TB 级，若采用点云数据直接进行显示或管理等操作，对于计算机来说负担十分巨大，为了减少这一负担，便需要对建筑点云进行逆向重建。而点云数据正是本书中地下工程基础设施逆向建模过程中的数据源。

为了进行点云数据的逆向建模，需要对点云进行一系列的预处理操作，提取得到建筑物的关键信息，如建筑的墙边的边界线、墙壁上的孔洞信息等等。提取得到的这一系列信息，使得我们可以采用参数或边界法进行三维模型的构建，使得三维模型与点云模型贴合。即通过少量的数据来替代大量的点云数据，减少大数据量的点云模型对计算机系统内存的消耗。

2.1.1 Open CASCADE 开源库

本书中，利用提取得到的建筑边界信息进行三维建模所用到的第三方库主要是 Open CASCADE，以下简称 OCC。OCC 平台是由法国 Matra Datavision 公司开发的 CAD/CAE/CAM 软件平台，可以说是世界上最重要的几何造型基础软件平台之一。开源 OCC 对象库是一个面向对象 C++类库，用于快速开发设计领域的专业应用程序。

OCC 主要用于开发二维和三维几何建模应用程序，包括通用的或专业的计算机辅助设计 CAD 系统、制造或分析领域的应用程序、仿真应用程序或图形演示工具。

OCC 库提供了如下功能：

(1)2D 和 3D 几何造型工具箱，可对任何物体造型：

- 创建基本图元，如 prism, cylinder, cone, torus；
- 对实体进行布尔操作，addition, subtraction and intersection；
- 根据倒圆、倒角、草图拉伸几何实体；
- 使用偏移(offsets)、成壳(shelling)、挖空(hollowing)和挤压(sweeps)构造几何实体；

- 计算几何实体属性，如表面积、体积、重心、曲率半径；
- 使用插值(interpolation)、逼近(approximation)、投影(projection)计算出几何体。

(2)可视化功能提供对几何实体的显示、控制功能，例如：

- 三维旋转(3D rotation)；
- 缩放(zoom)；
- 着色(shading)。

(3)程序框架提供如下功能：

- 将非几何数据与几何实体关联；
- 参数化模型；
- Java Application Desktop(JAD)。

OCC 通过有机组织的 C++库文件提供了 7 个模块。最小的模块 Foundation Classes 包含两个库，最大的模块 Modeling Algorithms，包含 8 个库。这些模块分述如下(图 2-1)：

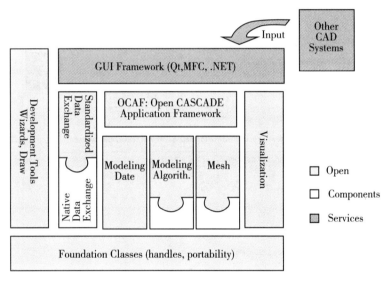

图 2-1　Open CASCADE 包含模块

(1)Foundation Classes 模块是所有其他 OCCT 课程的基础。

(2)Modeling Data 模块提供数据结构，以将 2D 和 3D 几何图元及其组成表示为 CAD 模型。

(3)Modeling Algorithms 模块包含大量的几何和拓扑算法。

(4)Mesh 模块实现对象的细分表示。

(5)Visualization 模块为图形数据表示提供了复杂的机制。

(6)Data Exchange 模块与流行的数据格式互操作，并依靠 Shape Healing 来提高不同供应商的 CAD 软件之间的兼容性。

(7)Application Framework 模块提供了即用型解决方案，用于处理特定于应用程序的数据(用户属性)和常用功能(保存/恢复，撤销/重做，复制/粘贴，跟踪 CAD 修改等)。

此外，Open CASCADE Test Harness(也称为 Draw)提供了库的入口点，可用作其模块的测试工具。

2.1.2　Open CASCADE 编译及使用

1. 安装 Open CASCADE

可以从 Open CASCADE 的官网上下载其安装包，可以选择最新的版本，下载网址为：http：//www.opencascade.org/getocc/download/loadocc/，下载时需要注意 VC++版本。

双击 opencascade-7.3.0-vc14-64.exe 安装包进行安装，本研究中将 OCC 安装在 D 盘的新建文件夹 OpenCASCADE7.3.0 中(图 2-2)，随后不需要修改任何设置便可以进行安装，大约需要等待 3~5 分钟。

如果只用其库来编程已经够了，安装好下载的安装包即可。若想对其进行调试，必须先将其编译成功。

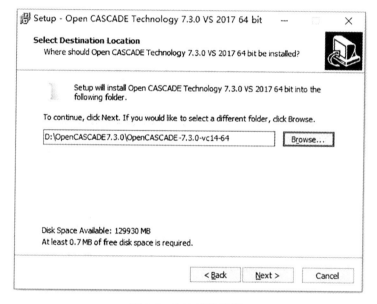

图 2-2　OCC 安装路径

本书采用的 OCC 版本为 7.3.0，该版本于 2018 年 5 月 29 日发布，相比于 7.2.0 版本，造型算法在以下几方面进行了优化：
- 优化模型的面去除算法；
- 优化曲面相交、形状偏移和布尔运算算法；
- 优化 OBB(oriented bounding box)包围盒；
- 布尔运算系列算法中添加更完整的历史记录；
- 提高了 BRep Proj_Projection 算法的稳定性。

除此以外，还进行了更多兼容性、应用框架、可视化、数据交换上的优化，详细可以

浏 览 官 方 网 站 （ https：//www. opencascade. com/content/open-cascade-technology-730-available-download），在此不一一进行赘述。

本书的编译环境为：Windows 10(64)，Visual Studio 2015，安装包为：opencascade-7.3.0-vc14-64. exe。

安装好的 OCC 目录组织如图 2-3 所示。

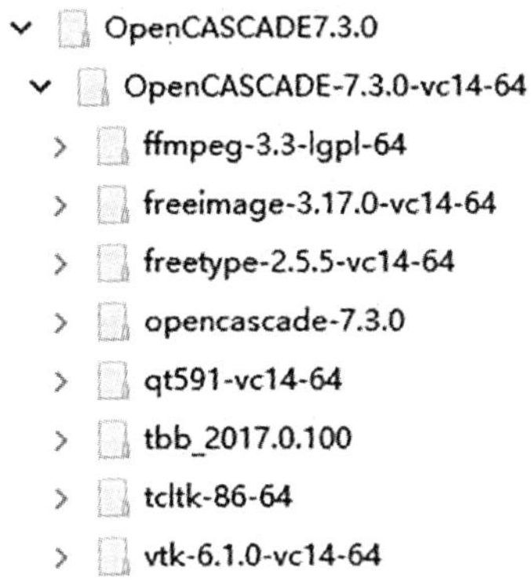

图 2-3　OCC 文件目录

2. 编译 Open CASCADE

安装后进入 D：\ OpenCASCADE7.3.0 \ OpenCASCADE-7.3.0-vc14-64 \ opencascade-7.3.0 目录，双击 msvc. bat 打开 OCC 的源码 OCCT，可以看到需要编译的 7 个大模块，我们必须按照以下顺序对 OCCT 进行编译：

（1）Foundation Classes（file FoundationClasses. sln）。

（2）Modeling Data（file ModelingData. sln）。

（3）Modeling Algorithms（file ModelingAlgorithms. sln）。

（4）Visualization（file Visualization. sln）。

（5）Application Framework（file ApplicationFramework. sln）。

（6）Data Exchange（file DataExchange. sln）。

（7）Draw（file Draw. sln）。

其实编译整个解决方案时，会自动按照顺序来进行编译。

D：\ OpenCASCADE7.3.0 \ OpenCASCADE-7.3.0-vc14-64 目录中存放了 OCC 必须依赖的几个第三方库，分为强依赖以及弱依赖两类：

（1）强依赖(必须的)：

- Tcl/Tk 8.5-8.6；

- FreeType 2.4.10-2.4.11。

（2）弱依赖(可选的)：

- TBB 3.x-4.x；

- gl2ps 1. 3. 5-1. 3. 8;
- FreeImage 3. 14. 1-3. 15. 4。

这些第三方库的头文件 . h 以及 . lib、. dll 都存放在相应的文件夹下,在后面的使用中直接进行添加即可。

经过漫长的等待,7 个模块全部编译完成后,我们会获得大量的 lib、dll 存放在 D:\ OpenCASCADE7. 3. 0 \ OpenCASCADE-7. 3. 0-vc14-64 \ opencascade-7. 3. 0 \ win64 \ vc14 目录下(R64 位),可在此处进行添加依赖以及调用。所需要添加的 lib 如下:TKVrml. lib、TKStl. lib、TKBrep. lib、TKIGES. lib、TKShHealing. lib、TKStep. lib、TKXSBase. lib、TKShapeSchema. lib、FWOSPlugin. lib、PTKernel. lib、TKBool. lib、TKCAF. lib、TKCDF. lib、TKernel. lib、TKFeat. lib、TKFillet. lib、TKG2d. lib、TKG3d. lib、TKGeomAlgo. lib、TKGeomBase. lib、TKHLR. lib、TKMath. lib、TKOffset. lib、TKPCAF. lib、TKPrim. lib、TKPShape. lib、TKService. lib、TKTopAlgo. lib、TKMesh. lib、TKV3d. lib、TKOpenGl. lib、TKBO. lib。

除了编译的源码以外,OCC 还提供了很多例子 Demo,方便大家进行学习,这些内容都存放在 D:\ OpenCASCADE7. 3. 0 \ OpenCASCADE-7. 3. 0-vc14-64 \ opencascade-7. 3. 0 \ samples 目录下,以 mfc 框架下的 Demo 为例,双击 D:\ OpenCASCADE7. 3. 0 \ OpenCASCADE-7. 3. 0-vc14-64 \ opencascade-7. 3. 0 \ samples \ mfc \ standard 目录下的 msvc. bat 打开 VS,可以看到以下 11 个项目(图 2-4),分别设为不同的启动项,可以展示出不同的功能。

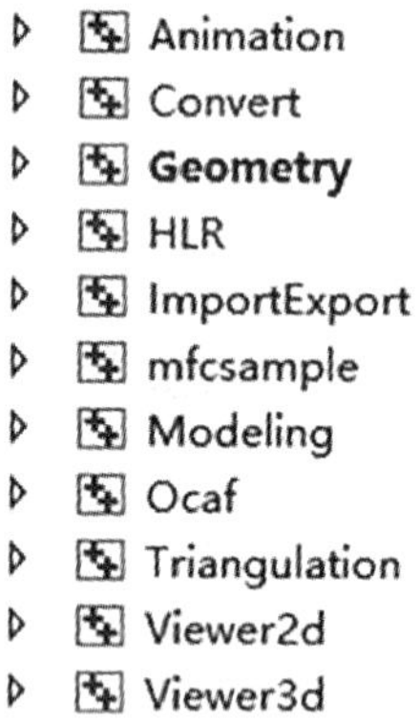

- ▷ 🗔 Animation
- ▷ 🗔 Convert
- ▷ 🗔 **Geometry**
- ▷ 🗔 HLR
- ▷ 🗔 ImportExport
- ▷ 🗔 mfcsample
- ▷ 🗔 Modeling
- ▷ 🗔 Ocaf
- ▷ 🗔 Triangulation
- ▷ 🗔 Viewer2d
- ▷ 🗔 Viewer3d

图 2-4 OCC 源码工程目录

例如,设置 Geometry 为启动项目(图 2-5),介绍了非常多的几何造型算法,如图形偏移、剖分、曲面造型等,并且还附带提供了关键代码。

本书中的绝大部分模型造型算法都依赖 Open CASCADE 进行实现,在后续的讲解中会提供模型造型算法的关键代码,以供读者学习。

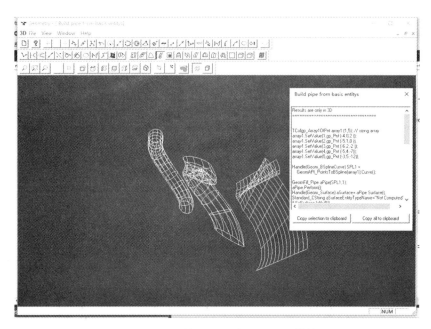

图 2-5 OCC 的 Sample 中 Geometry 模块

2.2 数据结构组织

城市地下管网是发挥城市功能和确保城市快速协调发展的重要基础设施。随着我国加大市政基础设施信息化建设的力度,二维化的管网 GIS 系统已经不能满足设备监控以及查询的需要。各专业管网权属公司的地下管网系统逐渐由 CAD 以及"点线"组成的二维时代转换为三维信息模型时代。由于不同部门对于地下管网有不同的应用需求,并且在地下管网的管理中存在标准多样化,所以在软件系统方面各个部门所采用的架构种类繁多;在数据方面,数据的功能性、时效性较差,同时各个部门所采用的数据格式、命名规范、数据组织结构等各不相同,这就导致花费大量人力、财力、时间所搭建的软件系统以及处理的数据无法通用。这些问题使得各类地下管网系统成为相互孤立的"信息孤岛"。

基于以上因素,一个优秀的地下管网大数据服务平台,需要满足可视化流畅、实时性动态的要求。为走通从管网数据探测→管网情况监测→管网事故治理→老旧管网养护→管网动态监管这样一个循环的管理流程,当前需要建立完善的、符合地下管网特性的三维空间模型数据结构,并结合地下构筑物和管线的拓扑关系、语义标签、几何形态等必要特征。地下管网的拓扑关系包含内拓扑与外拓扑,兼顾管线与构筑物之间外拓扑连接的同时仍要顾及到构筑物工井内部点线面等元素之间的拓扑连接关系与拓扑一致性。满足以上功能所建立的城市地下管网大数据服务平台,是可用于城市地下管网数据资源统一管理、建模以及共享使用的完善的框架模型。

本书中的三维模型采用一种特殊的混合型 CSG-BRep[26] 模型数据结构,该数据结构可以全面细致地记录模型内部的拓扑关系。这种数据模型分别汲取了 CSG 以及 BRep 这两种模型的优点。下文先逐一对这两种数据模型进行介绍。

2.2.1　CSG 模型

CSG[27-29] 模型为单一模型，该模型在建筑物的结构化表达以及建模中都得到了广泛的运用。CSG 的全称是构建实体几何法，是英文 constructive solid geometry 首字母的缩写。目前很多商业软件都引入了 CSG 技术，典型的有 Sketch UP Pro、3ds Max 等，都有通过 CSG 手段来构建和表达空间三维模型的功能。CSG 的实质很简单，就是将复杂的模型抽象成简单的模型，通过简单模型之间的一系列运算以及变换等操作，恢复出复杂模型的原貌[30-32]。这是一种化繁为简的有效手段，因此在三维领域，CSG 发挥着不可估量的作用。CSG 模型本身具有很多优点，下面分别进行介绍。

首先，它能够大大地简化模型的数据量。在利用三维激光扫技术对一个六面体的建筑实体做扫描时，得到的是这个六面体的点云数据。如果采用直接在点云处理软件中三角网建模的方式构建实体，那么这个六面体建成所需要的点云量是很大的。如果利用 CSG 的思想来构建六面体的 CSG 模型，只需要六面体的 8 个角点，就足以推算出六面体各个边的参数，进而完成实体的创建。

其次，它能够详细地体现模型的组建过程。利用 CSG 思想创建一个复杂的空间实体时，也正是体现出模型的分步组建过程。通常 CSG 被形容成一个二叉树，这个二叉树的结点通常是简单模型或者是布尔运算的算子。通过这个二叉树往往都能够详细地反映出最终的复杂模型是通过什么样的过程得来的。因此，相对于普通的三角网建模而来的模型，CSG 模型显得非常清晰明了，且具备模型组建过程中的拓扑不变性，这对于一些文物保护、数字化遗产的保护等都非常有现实意义。

CSG 模型的上述两大优点在三维空间模型的构建和表达中发挥着巨大的作用。但是同时，这种模型也有其自身的缺点。下面仍分两点进行介绍。

首先，它的最小单元只能抽象划分到最基本的体素，而这些最基本的体素一般为长方体、球体等。以一个基本体素长方体为例，如果这个长方体代表的是实际生活中一间房屋，那么这个长方体不在能够体现房屋内部的组成关系，此时，无法获得房屋内部的空间连接关系。因此，CSG 在处理三维空间模型内部链接关系的时候显得无能为力，这是 CSG 模型的缺点之一。

其次，CSG 模型往往只能够处理那些现实生活中形状比较规则的实体。尽管布尔运算可以尽可能地在这个问题上发挥作用来创建形状复杂的实体，但是往往还是有局限性的。CSG 模型在处理一些样条曲线或者样条曲面演变而来的复杂曲面模型时，也体现出了自身的不足之处。

通过分析可以知道，因为 CSG 模型属于单一模型，CSG 模型的优点和缺点都非常得清晰和明了。尽管其存在上述分析的两大缺点，但是 CSG 技术在三维拓扑中的运用已经成为了必不可少的手段。很多的专家学者都对这个模型做了大量的研究，该项技术为本文三维精细模型拓扑关系的构建和分析提供了十分重要的指导思想。

2.2.2 BRep 模型

BRep[33-35] 模型同样为单一模型，该模型同样在建筑物的结构化表达以及建模中都得到了广泛的运用，BRep 是英文 boundary representations 首字母的缩写，BRep 的核心思想体现在任何复杂的空间实体最终都可以通过参数方程的形式进行表示，其特点在于通过点的集合来表示边，边的集合来表示面，而面的集合来表示三维空间实体的边界。BRep 模型的一个非常重要的特性是，该模型在表达空间实体时，可以同时表达模型的几何信息和拓扑信息，无论多么复杂的空间结构，都可以转化为参数方程这一数学表达式。一旦把空间物理问题转化成了数学问题，那么很多问题都能够迎刃而解。这就是边界表示法的核心思想内容。点、线、面构成了 BRep 最为基本的三大要素，点、线、面通过一定的变换或者演变，可以生成无论多么复杂的实体。因此，在三维领域，BRep 也同样发挥着不可估量的作用。BRep 模型有很多优点，下面分别进行介绍。

首先，它能够表达更小、更复杂的实体。如果 CSG 模型的最小单元只能抽象到一个基本体素长方体，那么 BRep 模型的最小单元足以抽象到一个几何点。这也是 BRep 最为明显的一个特点，点可以变化成边，边可以变化成面，面可以变化成体，同样是由小到大，由简单到复杂。在表示一个长方体形状空间的房屋建筑内部组合关系时，BRep 可以轻而易举地解决这个问题。另外，对于 CSG 模型表达不了的那些非规则曲面模型，BRep 都能够完美地表达。

其次，它具备详细的拓扑连接关系。正因为 BRep 能够表达比 CSG 更为具体化、细节化的空间实体，因此，其在表达模型构建过程的时候也显得更为详细。点、线、面、体之间存在某种不变的连接次序，这种连接往往不会随着实际模型的变形或者位置移动等发生变化，即 BRep 在某种变化之中保持着一种不变性，这一点正是拓扑关系的核心内容。

当然，任何单一模型都不是完美的。BRep 自身也存在较为明显的不足，主要体现在表达模型的构建过程方面显得过于复杂和繁琐。点、线、面三大基本的 BRep 要素要想组建成复杂的空间三维模型，远远不是通过一个二叉树就能表示清楚的。一个小小的长方体就包含 8 个顶点和 12 条边，如果一个复杂的空间实体，最后拆分成点、线、面来表达建模过程，将是不切合实际的。因此，BRep 往往最大限度地应用于描述模型内部的拓扑关系，却不用来描述空间模型的构建过程。因为其不够直接，更不够直观。

2.2.3 CSG-BRep 拓扑模型内拓扑定义

从三维拓扑重建的角度来讲，三维拓扑可以被分为内拓扑和外拓扑两种大关系，内拓扑关系是指单个三维实体的内部各个拓扑基元之间的层次组合关系，外拓扑关系指的是三维空间实体之间的不同种类的拓扑邻接关系。本章节的主要目的在于定义 CSG-BRep 拓扑模型的内拓扑。前面绪论中所提到的单一模型都只能够表达简单的目标对象的拓扑关系，对于复杂的空间目标对象而言，其局限性便显示出来。为了解决复杂空间目标对象之间的拓扑关系，本文结合 CSG 模型的宏观组合性和 BRep 模型的微观表达性，使得 CSG 与 BRep 相结合，对二者的优缺点进行取长补短，定义一种 CSG-BRep 的组合式模型来描述复杂的空间目标对象的空间关系。CSG-BRep 模型是利用 CSG（构建实体几何）的方法对复杂的空间目标对象进行几何抽象,根据一些特定的分解规则将复杂对象分解成不同种类的简单几何体,再对简单几何体进行进一步的分解,以此得到 CSG 基本体素。紧接着从 CSG 基本体素中提取得到相对应边、面的参数值。与此同时,结合 BRep(边界表示法)表示法再进一步把 CSG 体素抽象为点、边、面、环、壳、体等更微观的元素,最终实现三维复杂空间目标对象的拓扑表达,实现 CSG-BRep 拓扑模型内拓扑的定义。

1. 拓扑元素

任何复杂的空间模型都是由基本要素构成的,把这些基本要素抽象为点、边、面、环、壳、体和复杂体以及复合体,并使这些被抽象出来的元素呈现出由简单到复杂的递进关系。每一个抽象出来的元素及其意义如表 2-1 所示。

表 2-1 拓扑各要素及其意义

元素	意 义
顶点	与几何点对应的拓扑元素。它没有维度。或者说是零维
边	与约束曲线对应的拓扑元素。它是一维
环	由一组边(通过定点连接)组成,可以不闭合
面	2D 中是平面一部分,3D 中是曲面一部分
壳	由面组成,可以闭合,也可以不闭合
体	由壳限制的空间的一部分,它是三维
复杂体	由通过面连接的体组成,将环和壳延伸到体
复合体	由不同拓扑类型对象组成的整体

表 2-1 中详细说明了从复杂三维模型里面抽象出来的 8 种拓扑元素,并且对每一种拓扑要素都给出了明确的定义。其中最为核心的 3 种要素分别是顶点、边、面。这 3 种拓扑要素跟几何要素有着直接的关联关系。其中,顶点与具有 X、Y、Z 坐标的几何点对应,为零维度量。边与参数方程表示的约束曲线对应,为一维度量。面与参数方程表示的约束曲面对应,为二维度量。除此之外,其他的拓扑要素如环、壳、体等也和顶点、边、面 3 个核心要素有着密不可分的关联关系,都可以通过核心三要素转化演变得到。

2. 拓扑结构

模型之中包含有复杂的拓扑连接关系。利用构建实体几何的方法(CSG)可以方便地处理不同模型之间的拓扑构建。但是,单一的 CSG 表示方法局限到的最小单元仅仅为体模型,而且在利用单一 CSG 方法表示三维空间模型时,会存在不唯一的情况,并且不能体现模型内部详细的拓扑关系。这些情况在前面的章节中都详细分析过。本书提出 CSG 与 BRep 结合的方式构建拓扑模型来解决这个问题。实体的边界往往是由面的并集组成的,而每个面由它所在的曲面的定义加上其边界,面的边界是边的并集,边又由点来表示。这种由上到下的层次组合关系，可以详细地表达和描述模型内部的拓扑连接关系。如图 2-6 所示，图中最左侧框内即 BRep 表示模型的方法，图中间框内即 CSG 典型的表示模型的方法，将这两者结合起来即本文所采用的 CSG-BRep 结构。最右侧的框内即表示了从顶点到复合体的由低级到高级的层次组合关系，并且是逐级引用。

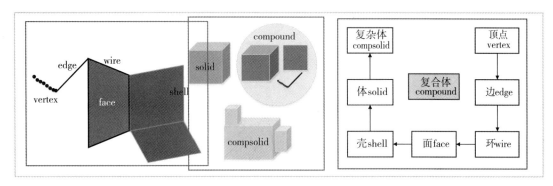

图 2-6 CSG-BRep 拓扑模型组成

在 CSG-BRep 拓扑结构中，顶点可以组成边，边可以组成环，环又可以构成面，面在进一步组成壳或者体。由较低层级的拓扑对象逐级构建成较高层级的拓扑对象，中间不可跨级组建。例如，不可以通过拓扑对象边直接构建拓扑面或者壳对象（顶点构环，面构体除外）。与此同时，由不同的体（solid）可以通过布尔运算交、差、并来组建成复杂体（compsolid），而由上述的所有拓扑对象可以统一组成复合体（compound），比如把点、边、环、面、体简单累加到一起，即把各类不同层级的拓扑元素简单复合到一起。

每一个上级的拓扑元素都包含对该元素下级拓扑元素的引用。所有的引用都是从复杂的拓扑元素指向简单的拓扑元素。与此同时，简单的拓扑元素可以被不同的复杂的拓扑元素共享。以一个复杂体为例，按照本书提出的拓扑模型来描述复杂模型内部的拓扑关系，如图 2-7 所示。

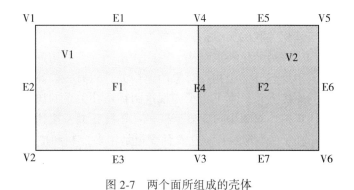

图 2-7 两个面所组成的壳体

图 2-7 为由两个面组成的壳体，该图的左侧部分为一个面结构，右侧部分为另一个面

结构，两个面结构构建出一个壳体结构。该结构中包含顶点、边、环、面结构。图 2-8 为拓扑关系图，详细地表示了图 2-7 中的壳体模型。从该拓扑关系连接关系图可以看出，顶点至少被两条边共享，其中 E4 边同时被环 W1 和 W2 共享。

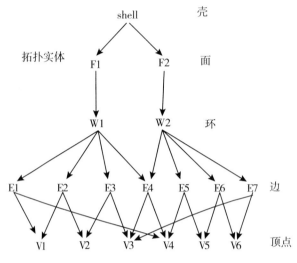

图 2-8 壳体的数据结构

在 CSG-BRep 拓扑模型中，将所有拓扑对象中的 3 种核心拓扑对象用几何对象直接表示：顶点(vertex)、边(edge)、面(face)，分别用几何点、几何线、几何面表示。在后文将会详细提到，这 3 种几何对象都将会被各自含有参数的数学参数方程表示。另外，顶点、边、面分别被分配一个容差值，用于判定在误差范围内顶点、边和面是否生成。通过几何点、线、面基本对象可以进一步关联到更复杂的几何对象，那么，拓扑信息和几何信息就完全直接或间接地关联起来。这样的做法带来的好处是显而易见的，可以把实体之间的逻辑运算转化为直观的数学运算，这使得模型之间的运算更加具体化。

在所有的拓扑元素当中，每一个元素都属于实体(模型本身)的对象。其位于中间层级的拓扑对象同时具有与其相连接的父级和子级拓扑对象。比如一条拓扑边，它如果作为中间层级拓扑对象，与其相关联的父级拓扑对象为通过该边组成的拓扑面结构，与其相关联的子级拓扑对象为构成该边的拓扑点结构。因此，拓扑关系的访问也分为两种情况：一种情况是访问拓扑对象本身与其父级拓扑对象的连接关系，另一种情况是访问拓扑对象本身与其子级拓扑对象的连接关系。本书为了实现这两种拓扑关系的访问，提出了两种对应的实现算法。其中，任意拓扑对象中包含 6 个变量：拓扑元素、拓扑结构、拓扑位置、拓扑方向、拓扑状态和拓扑子级(图 2-9)。这 6 种变量是用来控制和描述任意拓扑元素的层次组合关系。其中，拓扑子级用于记录和拓扑对象相连接的子级拓扑对象，拓扑位置用于记录拓扑对象相对于世界坐标系的旋转矩阵，拓扑方向用于记录拓扑对象之间的方位。

3. 拓扑位置

为了跟踪拓扑元素的位置，为每个形状都定义一个局部坐标系拓扑位置 CSGLocation。

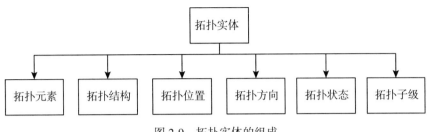

图 2-9 拓扑实体的组成

CSGLocation 按照两种方式表示：第一种表示为一个通过世界坐标系为参考的变换；第二种表示为一个右手法则表示的 3 个互相垂直的向量；若该位置变量中存放的矩阵为 $\boldsymbol{Q}$，则 $\boldsymbol{Q}$ 用一个 3×4 的矩阵来表示，并且矩阵 $\boldsymbol{Q}$ 必须满足以下两个条件：

$$\boldsymbol{Q}_2 = \begin{pmatrix} q_{11} & q_{12} & q_{13} \\ q_{21} & q_{22} & q_{23} \\ q_{31} & q_{32} & q_{33} \end{pmatrix}, \ d = | \ \boldsymbol{Q}_2 \ |, \ d \neq 0 \tag{2-1}$$

$$\boldsymbol{Q}_3 = \frac{\boldsymbol{Q}_2}{\sqrt[3]{d}}, \ \boldsymbol{Q}_3^{\mathrm{T}} = \boldsymbol{Q}_3^{-1} \tag{2-2}$$

矩阵 $\boldsymbol{Q}$ 是线性变换矩阵，通过矩阵乘法可以将一个点 (x, y, z) 变换成另外一点 (u, v, w)：

$$\begin{pmatrix} u \\ v \\ w \end{pmatrix} = \boldsymbol{Q} \cdot (x \quad y \quad z \quad 1)^{\mathrm{T}} = \begin{pmatrix} q_{11}x + q_{12}y + q_{13}z + q_{14} \\ q_{21}x + q_{22}y + q_{23}z + q_{24} \\ q_{31}x + q_{32}y + q_{33}z + q_{34} \end{pmatrix} \tag{2-3}$$

其中，$\boldsymbol{Q}$ 也可能是基本变换矩阵的组合。基本变换矩阵包括平移变换、旋转变换、缩放变换、中心对称变换、轴对称变换、平面对称变换矩阵。通过这些基本变换矩阵的组合可以得到复合变换矩阵，而利用复合变换矩阵可以将一个拓扑元素或者复合体，变换到任何需要变换的位置。其最主要的应用为体素在做组合变换的时候。在后文中将会提到，拓扑位置也是判断两个空间体之间的关系的一个影响因素。

父级拓扑实体的拓扑位置如果发生了变化，必然会对该实体的子级实体的拓扑位置产生影响。也就是说，一个拓扑元素的方向如果发生了变化，那么组成该拓扑元素的子级元素也会发生相应的变化。为了详细描述该过程，我们以一条边为实例进行阐述。例如，对一个拓扑边类型的拓扑实体沿着向量 vector(100, 200, 0) 做平移变换，拓扑边中的拓扑位置此时存放的相对于世界坐标系的变换矩阵为：

$$\begin{pmatrix} 1 & 0 & 0 & 100 \\ 0 & 1 & 0 & 200 \\ 0 & 0 & 1 & 0 \end{pmatrix} \tag{2-4}$$

此时，通过遍历获得拓扑边中的子级实体，然后查询拓扑边的子级元素拓扑顶点的拓扑位置变量。这时候，拓扑顶点的拓扑位置变量中存放的变换矩阵仍然是矩阵 (2-4)。若同时对拓扑边类型的拓扑实体做平移变换和旋转变换(沿着 X 轴旋转 $P_i/2$),则拓扑边以及拓扑边的子级形体拓扑顶点中的拓扑位置变量存放的矩阵都为相对于世界坐标系的复合变换矩阵:

$$
\begin{pmatrix} 1 & 0 & 0 & 100 \\ 0 & 1 & 0 & 200 \\ 0 & 0 & 1 & 0 \end{pmatrix} \cdot \begin{pmatrix} 1 & 0 & 0 & 0 \\ 0 & 0 & -1 & 0 \\ 0 & 1 & 0 & 0 \end{pmatrix} \tag{2-5}
$$

4. 拓扑方向

除了拓扑位置以外,拓扑方向对于记录拓扑元素的方位也具有极其重要的作用,并且拓扑方向和边界具有紧密的联系,这也是 BRep 模型的一大优势所在。需要用到拓扑方向的拓扑实体(shape)有 3 种:一种是通过顶点约束的曲线,一种是通过边约束的曲面,另一种是通过面约束的空间。在拓扑实体(shape)中定义两个局部段,其中有一个是默认段。对于一条通过顶点约束的曲线,首先曲线的参数表示必须给出曲线的一个方向(自然方向),如设 $a \leq u \leq b$,曲线 $C(u)$ 方向为从 $C(a)$ 到 $C(b)$,而该曲线的默认段就是沿着曲线方向的一些列比顶点参数大的点的集合。对于一个通过边约束的曲面,该曲面的默认段位于边前进方向的左侧。边的前进方向默认情况下是指边的自然方向,即逆时针方向。对于一个通过面约束的空间,该空间的默认段位于曲面法向相反的一侧。

拓扑方向就是基于这个默认段来对拓扑实体(shape)的内部(另一个局部段)进行定义的。通过拓扑方向来定义拓扑实体(shape)的内部,总共有 4 种情况,如表 2-2 所示。

表 2-2 拓扑方向对 shape 内部的四种定义

拓扑方向	对 shape 内部的定义
朝前 CSG_FORWARD	shape 内部是默认段
朝后 CSG_REVERSED	shape 内部是和默认段完全相反的段
朝里 CSG_INTERNAL	shape 内部包含两个局部段,边界在 shape 内部
朝外 CSG_EXTERNAL	两个局部段都不在 shape 内部,边界在 shape 内部的外侧

拓扑方向非常的通用,在 CSG-BRep 模型中,只要有分段或边界出现的地方就会用到拓扑方向。

拓扑方向中要数朝前和朝后两种方向所应用的地方最为广泛。shape 的方向决定了该 shape 子级形状的方向。正确的设置 shape 的方向,并对拓扑方向采取倒置,求补等操作,对于给 shape 添加材质,正确可视化 shape,以及构建的 shape 以何种方式进行正确的布尔运算都起着至关重要的作用。其中,对一个拓扑对象做倒置操作可以使得该对象拓扑方向的朝前和朝后互相交换,朝外和朝里不变。对一个拓扑对象做求补操作可以使得该对象的朝前和朝后相互交换,朝外和朝里也相互交换。如图 2-10 所示,两个长方体做布尔运算,正常情况下,二者如果做布尔求差运算,应该得到该图右上角的结果。如果更改其中一个长方体的方向(该长方体中所有面的方向都设置为反向),那么便得到该图右下角的结果。

也就是说，如果对参与布尔运算的基本体素采取更改拓扑方向的操作，会对布尔运算的结果产生相对应的影响。有时候为了满足实际的需求，需要专门更改参与布尔运算的体素的拓扑方向。

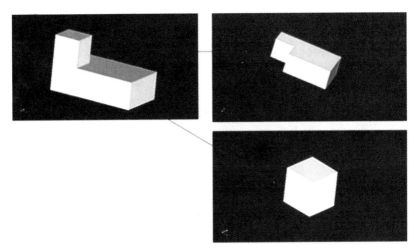

图 2-10　方向对布尔运算的影响

在讨论方向对添加材质的影响之前，我们先来说明面和边方向的关系。面的方向受到边的方向的影响，具体地说，面的方向和边的方向遵循右手法则。如图 2-11 所示，对于从 0 开始到 1 结束的圆环边而言，当边的方向为逆时针时，根据右手螺旋法则，该圆环边围成的圆面的方向为垂直朝上。相反，当边的方向为顺时针时，同样根据右手螺旋法则，该圆环边围成的圆面的方向为垂直向下。

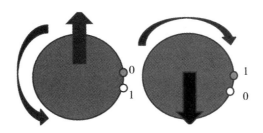

图 2-11　拓扑朝向

5. 拓扑状态

拓扑状态在拓扑学里也是一个常用到的元素，它在拓扑关系的判断中同样极为重要。由于任何复杂的目标对象都可以被抽象为点和边，我们此时定义的拓扑状态，主要是用于描述边上一个或者多个点的位置。我们定义 4 种点和边的拓扑状态，分别是 IN（点在内部）、OUT（点在外部）、ON（点在线上）、UN（点和线的拓扑状态不明确）。这 4 种拓扑状态可以通过图 2-12 来作一个简单的阐释。

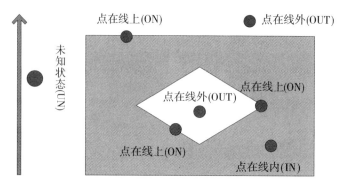

图 2-12　点相对于边的拓扑状态

该拓扑状态的定义同样适用于其他元素之间的位置关系判断。如果是一条边和一个面相交，那么各个部分的拓扑状态可以通过图 2-13 来进行阐释，上述的 4 种拓扑状态同样适用。

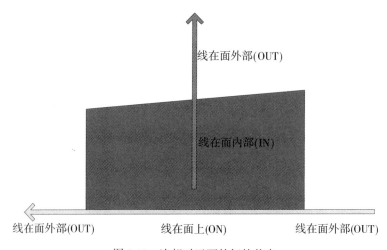

图 2-13　边相对于面的拓扑状态

6. 拓扑子级

前面提到，复杂的要素往往是由简单的要素组成的。对于一个形体而言，它的子级形体 CSG_Subshape 中包含了一个 CSG_Shape 的列表，该列表中存放了所有与形体相关的子级形体。简单来说，一个边结构至少包含组成该边结构的首尾两个顶点结构。一个面结构至少包含组成该面结构的边界上的边结构。一个体结构至少包含组成该体结构的边界上的面结构。每一个形体都包含一个对子级形体的引用。当一个简单的引用不够充分时，比如遇到一条边被一个实心体的两个面共享，可能该边在两个不同的面中方向不同，不具备唯一性，而需要增加文章前面分析到的两个重要的拓扑信息：一个拓扑位置的引用和一个拓扑方向的引用。只有这样，才能保证两个同级拓扑元素共享下级拓扑元素时不会出错，从而避免出现拓扑的不一致性。该拓扑子级的定义在后文提到的拓扑查询算法中起着十分重要的作用。在查询拓扑元素的个数时，往往都要利用到拓扑子级的这种父级元素对子级元素的引用算法。

2.2.4 CSG-BRep 拓扑模型外拓扑定义

前文已经对 CSG-BRep 拓扑模型的内部拓扑构建进行了明确的定义。本书所构建的三维精细模型都是基于这个 CSG-BRep 模型。但是，仅仅从模型内部的角度去表达和描述是远远不够的，现实生活中往往会遇到模型和模型之间的关系如何表达和描述的情况。为了解决这个问题，现在假设当前存在一个拓扑元素 A，对于任何采用了同一个拓扑元素 A 的两个三维空间模型之间的关系都通过以下介绍的 3 种关系(相离、相邻、重合)来进行描述。该描述是基于前面定义的两种拓扑要素：拓扑位置和拓扑方向。根据拓扑位置及拓扑方向是否相同的关系，来描述空间模型之间的拓扑关系。本章节的目的在于定义 CSG-BRep 拓扑模型的外拓扑。

1. 相离关系

两个空间实体之间的相离关系按照如下的方法来定义：假设两个元素具备同一个下层的元素，如果既不考虑拓扑位置也不考虑拓扑方向，那么这两个元素就是相离关系。如图 2-14 所示，左右两个空间实体箭头指示的面，位置不相同，方向也不相同。

两空间体共用一个拓扑面元素

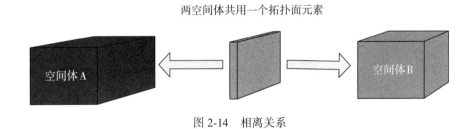

图 2-14　相离关系

2. 相邻关系

两个空间实体之间的相邻关系按照如下的方法来定义：假设两个元素已经是相离关系，并且这两个元素具备相同的拓扑位置，那么这两个元素就是相邻关系。如图 2-15 所示，左右两个空间实体中间共用的面，位置相同，但是方向不相同。

3. 重合关系

两个空间实体之间的重合关系按照如下的方法来定义：假设两个元素已经是相邻，并且这两个元素具备相同的拓扑方向，那么这两个元素就是重合关系。如图 2-16 所示，左右两个空间实体中间公用的面，位置相同，方向也相同。

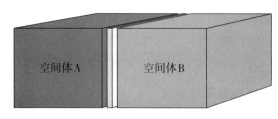

图 2-15 相邻关系

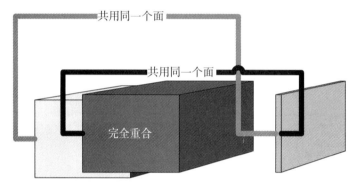

图 2-16 重合关系

　　虽然三维空间体之间的拓扑关系错综复杂，鉴于实际应用中建筑物的内部各个空间之间往往不涉及互相交叉的情况，因此本书定义的基于同一个拓扑元素来区分的相离、相邻、重合三种空间关系，能够基本满足建筑物尤其是建筑的内部各个三维空间之间关系的描述和判断。以实际生活为例，如在计算机内的两间房屋，当两间屋子共用至少同一堵墙面时候，此时可以根据被共用的墙面的拓扑位置和拓扑方向来判断这两间屋子在实际空间中到底是相邻还是重合的关系。这三种判断建筑物空间体之间关系的定义对于目前兴起的数字城市及智慧城市的构建起着至关重要的作用。

2.3　应用于地下工程基础设施建筑

　　三维 GIS 空间数据建模依赖于三维空间数据模型[36]，一个完善的三维空间数据模型可以在设计 GIS 空间数据库以及描述 GIS 三维空间组织关系上提供优秀的表达方法。三维 GIS 数据库的概念合集便是三维空间数据模型，所包含的概念包括拓扑、语义和用户自定义的 GIS 数据语义完整性约束、精确的 GIS 数据以及 GIS 数据之间的关系[37-38]。设计一个三维 GIS 空间数据模型时，应当满足以下几点需求：

　　（1）能够表达 GIS 数据中的对象模型以及场模型，对于三维地理空间具有较高的抽象能力；

　　（2）采用不同类型的基础元素对地理信息一样重的多源多样数据类型进行适当的表

达，基础元素包括点、线、面、三角网等；

（3）模型需要能够表达多样的空间关系，包括从简单的联系到复杂的网络模型；

（4）模型需要体现 GIS 数据语义完整性约束，包括拓扑联系、语义和用户自定义的完整性约束；

（5）模型能够表达常规的对象类和地理参考类，并且能够表示类之间的关系；

（6）能够支持空间聚集关系（aggregation）；

（7）能够对地理实体进行多角度多方位的视图（view）展示；

（8）模型需要有时态属性，可以表达版本数据的不同时态以及不同版本数据之间的时态关系；

（9）做到实现的独立性；

（10）可以对所用的数据提供简便且清晰的可视化和理解。

通过所提出的三维空间数据模型的设计需求，并结合地下管网系统的管理与监测功能以及三维模型的建模需求，可以得出设计地下管网三维空间模型时，需要综合面向对象、三维空间关系、语义关联等理论，建立一种宏观上连贯一体化，单体可拆分并具有关联性，微观上可数学化表达的地下管网三维空间数据模型，以实现管网的智能化监测与管理。

2.3.1 地下管网组成

地下管网宏观上由多个单独分立的构筑物——工井、工井内部的缆线以及多个工井之间的管线组成。工井是人类在地下对管网进行维护检测的主要活动空间，是地下工程设施中的交通枢纽，在地下管网的实际管理监测中，对缆线进行维护、查修或者新增等操作，通常在地下构筑物工井中进行；管线承载的缆线贯穿于整个地下网络中，对于工井、电箱、隧道等构筑物起到了联通的功能。

地下管网三维空间数据模型是以地下管网对象为核心，具体三维空间数据模型如图 2-17 所示。完善工井内部的三维模型构建、对应的数据组织结构以及相对应的语义特征，对于缆线连通情况判断以及工作人员维修监测具有重要的意义。

现有的地下管网中，采用点线化的结构对工井以及管线进行概括，三通井、四通井等工井构筑物与其他进出房点、转折点、井边点、构筑物解析虚拟点等抽象概念总结为一个点状要素"管点"，三维建模中也是仅仅体现了不同类型工井的几何模型，缺乏结构化细分。管线的连接依靠于"管点"进行连接，用于表达一段管道、电缆、沟渠或者河道等，缺乏工井内部更加细化的缆线描述。本书中，对于工井的模型设计改为一个复合体（compound），该复合体整体设计以面为单位，并且附带工井建筑中存在的其余几何模型对象。相比于传统地下管网的组织结构，增加多个需要几何建模的地下管网对象，包含多面墙壁、井脖、井盖、管孔、光纤孔等，管线由井内的缆线、盘余线、缆线节点、井间管线组成。

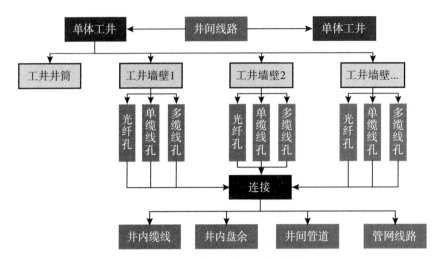

图 2-17 地下管网三维空间数据模型

2.3.2 地下管网数据结构

地下管网中，工井建筑、附属设施及管孔之间通过缆线或者管道的连接具有物理和逻辑上的关系。为了实现地下管网三维数据的组织、空间查询和空间分析等目的，需要建立一个可以有效描述网络系统的三维模型，从而对空间关系进行完备和形式化的表达。

现有的三维模型主要分为 CSG 模型以及 BRep 模型两类。

CSG 模型表示实体的基本思想是利用简单的基本体素和基本体素之间的集合运算，数据结构为树状结构，也称为 CSG 树。CSG 树的树叶由基本体素以及变换矩阵构成，节点为集合运算，顶层节点对应为最终的复杂三维模型。这种隐式表达的方法详细地记录了构成实体的基本体素特征参数和物体的构造过程，可以通过修改体素参数或者增加删除体素进行模型更新，并且表示十分简洁，没有冗余信息，数据量较小，修改容易。但是采用 CSG 这种隐式表达的方法存在着一定的缺点：隐式表达方法不能够生成明确的显示表达模型，所以无法支持对于几何元素及其拓扑关系的查询；CSG 难以表示包含自由曲面的；并且难以实现对形体的局部操作，比如倒角与圆角的操作。

BRep 模型对于构成模型的所有几何元素及其之间拓扑信息都进行了完全记录，并且按照一定的层次结构进行表达。BRep 模型的核心思想体现在任何复杂的空间实体最终都可以通过参数方程的形式进行表示，将空间上的物理问题转化为数学问题，对于计算机而言许多问题就可以迎刃而解。相对于 CSG 模型的最小单元是抽象到一个基本规则体素，BRep 模型可以表达更小、更复杂的实体。并且 BRep 模型具有详细的拓扑连接关系，它的组成元素点、线、面、体之间存在拓扑不变性。但是，这种详尽的表达方式也存在着一定的缺点，它在表达模型的构建过程中过于复杂繁琐，难以通过二叉树这种简单明了的方式进行表示。

综合以上分析，CSG 模型在空间模型的构建过程中存在着很大的优势，而 BRep 模型则在详尽表示模型组成以及内部拓扑关系上有着其他模型难以取代的优点。故本书采用一种综合了 CSG 与 BRep 模型特点的复合拓扑模型——CSG-BRep 模型。该模型综合 CSG 模型的宏观组合性以及 BRep 模型的微观表达性，可以对复杂的空间目标进行几何抽象，将复杂物体分解成 CSG 基本体素，从中提取对应轴线或边的参数值，从而便于进一步计算。CSG-BRep 模型的拓扑结构是顶点组成边，边组成环，环组成面，面再进一步组成壳、体（solid）或者复合体（compound），由较低层级的拓扑对象逐级构建较高层级的拓扑对象，中间不可跨级构建。该模型可以全面细致地记录模型内部的拓扑关系。综合地下管网模型组成以及 CSG-BRep 模型特点，本书设计了如图 2-18 所示的数据结构。

本书设计的数据结构依据上节划分的地下管网组成对象，对工井的三维模型进行了拆解，宏观上将工井划分为复合体，由工井墙壁、墙壁上的附属管孔、井内缆线、井筒等体元素组成。墙壁上的关键点构建成边，边再构建为环，环形成了工井墙壁的面；面模型上附带有管孔模型，不共面上的管孔可以连接为缆线；工井模型上方附带井筒模型以及井盖模型；这一系列的体元素组合在一起形成整体的工井复合体。

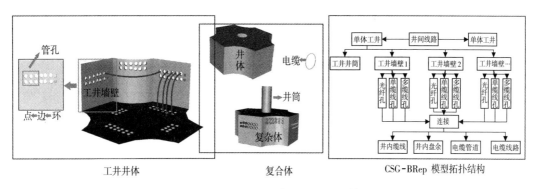

图 2-18   CSG-BRep 拓扑模型应用于工体模型

而工井与工井之间又通过墙壁上的管孔连接了工井间的管道，多个工井、工井之间的连接管道、管道及工井内的缆线组成了整体的地下管网。地下管网模型总体设计以管孔节点为中心，将管孔作为拓扑连接关系的驱动点进行自动耦合，并匹配其连接电缆的方向。单口工井内部通过管孔节点生成电缆，同时，多口工井之间依靠管孔节点维系电缆网络的拓扑联系。管孔依附于工井墙面，单个工井模型以墙面为单位，由多个面构成工井主体，再叠加井筒等元素，组成地下工井三维模型。多个工井模型之间须通过管孔节点进行管道连接。为了实现地下管网三维数据的组织、空间查询和空间分析等目的，需要建立一个可以有效描述网络系统的三维模型，从而对空间关系进行完备和形式化的表达。地下管网各个组成对象之间的层次关系图如图 2-19 所示。

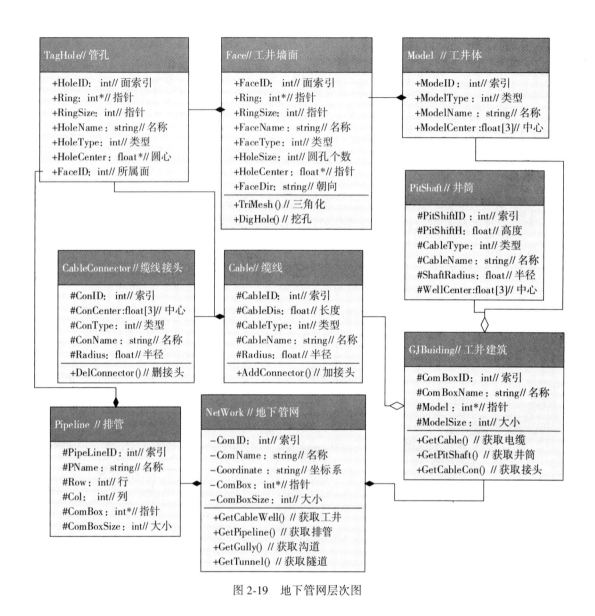

图 2-19　地下管网层次图

2.4　本章小结

本章主要讲述了如何构建 CSG-BRep 拓扑模型。自定义 CSG-BRep 模型之前，先对学术界现有的 CSG 模型、BRep 模型进行了分析，突出了这些模型各自的优缺点。然后结合这些模型的优缺点，提出了对 CSG-BRep 混合模型的定义。分别从两个不同的角度来定义 CSG-BRep 混合模型：一种是模型内部的定义，另一种是模型之间的定义。模型内部分别从拓扑元素、拓扑结构、拓扑位置、拓扑方向、拓扑状态、拓扑子级 6 个角度进行了详细的定义，并且当分析了这些拓扑元素对拓扑模型的影响。另外，对于任何采用了同一个拓扑元素 A 的空间模型之间的关系的描述，分别从相离关系、相邻关系、重合关系 3 个角度来定义。而这 3 种空间模型之间的拓扑关系定义的依据是拓扑元素 A 的位置和方向。这种定义的好处在于大大简化了三维空间模型之间关系的描述。

第三章 地下电缆工井模型构建
及几何拓扑重构

3.1 工井几何形态描述

地下建筑设施深埋于地表下，每个单独的地下建筑设施依赖于管线、缆线以及光纤等进行沟通连接。而工井则是地下工程设施中的"交通枢纽"。在工井室内，管线铺设人员、维修人员以及巡检人员等需要对现有的管线缆线挂牌等设施进行操作管理，并且室内存放着大量缆线盘余等以备日后增加管线铺设长度的重要物品，所以对于井室内的情况进行监测以及管理是十分必要的。

工井整体组成可以大致划分为井体、井脖、井盖、管孔、井内缆线部分，其整体模型如图 3-1 所示。

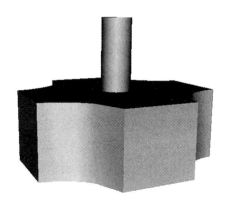

图 3-1 井体三维模型

井脖以及井盖是联通地面与地下工程设施的重要渠道，井体则承担了地下工程设施中仓库以及中转站的职责，管孔则是多个地下设施进行连通的"门窗"，电缆则是其中的"桥梁"。井内的缆线通过工井墙壁上的管孔通向另一座工井，完成地下网络的构建。

按照工井与工井之间的连接情况，工井可以大致被分为直通井（双面与其他工井连接）、三通井（三面与其他工井连接）、四通井（四面与其他工井进行连接）以及转角井 4 种。《电力电缆井设计与安装》中对于四类工井平面、立面、用材料、制式进行了详细的介绍，如表 3-1 所示。

表 3-1   工井按照连通情况分类

类别	平面图	立面图
直通井（大型）		
三通井（大型）		
四通井（大型）		
转角井（中型）		

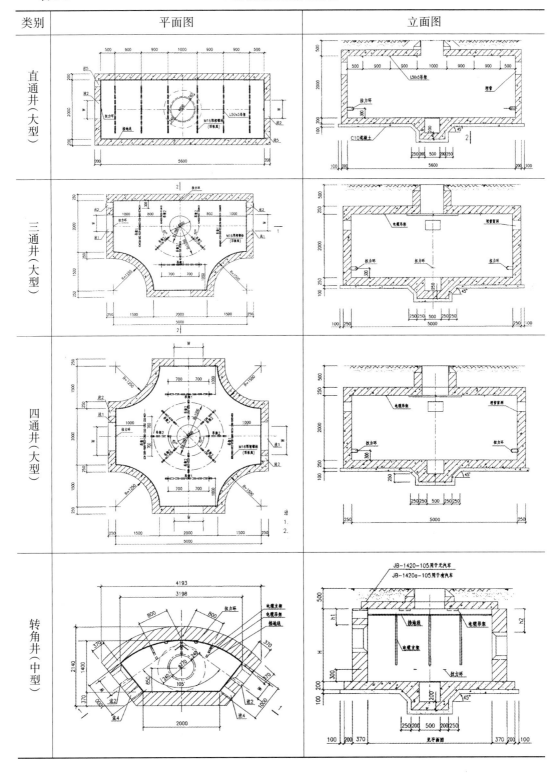

其中，转角井通常位于线路敷设转弯处，如图 3-2 中转角井 1、转角井 2，在纵横的线路中起到连通作用。转角井规格有 165°转角、150°转角、135°转角、120°转角、105°转角、90°转角。

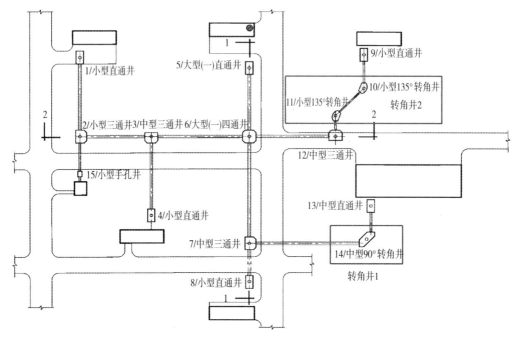

图 3-2　转角井在地下管网中的位置

工井井体按照几何形状可以大致分为规则矩形工井、单曲面工井、双曲面工井、四曲面工井 4 类。

1. 矩形工井

工井单体模型分为东、西、南、北、上、下 6 个面组成（默认情况下，即以原点为中心点，模型长宽方向沿南北进行延伸，未经过旋转平移）。其三维模型图、立面图及俯视图分别如图 3-3、图 3-4 所示。

图 3-3　矩形井体三维模型

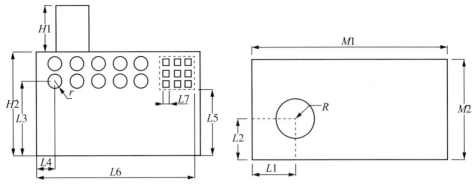

图 3-4 矩形工井立面图及俯视图

矩形工井模型的参数如表 3-2 所示。

表 3-2 矩形工井参数表

控制 参数	H1 井筒高	H2 工井单体高	M1 工井长	M2 工井宽
	r 圆孔半径	R 井筒半径	L1	L2
	L3	L4	L5	L6
	L7 矩形孔边长	m 管孔行数	n 管孔列数	

说明：L1 与 L2 量取以工井西南角点为起点

2. 单曲面工井

工井单体模型分为东、西、南 1、南 2、西南、北、上、下 8 个面组成（默认情况下，即以原点为中心点，模型长宽方向沿南北进行延伸，未经过旋转平移）。立面图及俯视图如图 3-5 所示。

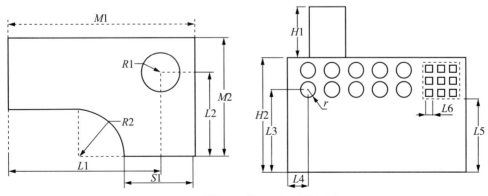

图 3-5 单曲面工井立面图及俯视图

单曲面工井模型的参数如表3-3所示。

表3-3　　　　　　　　　　　　　单曲面工井模型参数表

控制参数	H1 井筒高	H2 工井单体高	M1 工井长	M2 工井宽
	R1 井筒半径	R2 西南面曲面半径	r 圆孔半径	L1
	L2	L3	L4	L5
	L6	S1	m 管孔行数	n 管孔列数
说明：				

3. 双曲面工井

工井单体模型分为东、西、南、北、上、下、西北、东北8个面（默认情况下，即以原点为中心点，模型长宽方向沿南北进行延伸，未经过旋转平移）。其三维模型图、仰视及俯视图如图3-6、图3-7所示，双曲面工井有孔立面图如图3-8所示。

图 3-6　双曲面工井三维模型

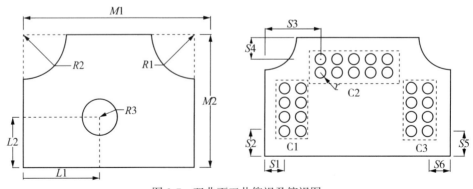

图 3-7　双曲面工井仰视及俯视图

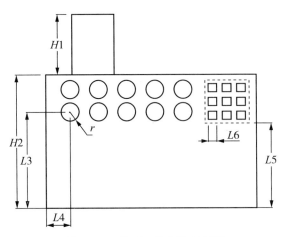

图 3-8　双曲面工井有孔立面图

双曲面工井模型的参数如表 3-4。

表 3-4　　　　　　　　　　　　　　**双曲面工井模型参数**

	H1 井筒高	H2 工井单体高	M1 工井长	M2 工井宽
控制参数	R1 东北面曲面半径	R2 西北面曲面半径	R 井筒半径	L1
	L2	L3	L4	L5
	L6	S1	S2	S3
	S4	S6		
	m1 是 C1 管孔行数	n1 是 C1 管孔列数	m2 是 C2 管孔行数	n2 是 C2 管孔列数
	m2 是 C2 管孔行数	n2 是 C2 管孔列数	m 立面管孔行数	n 立面管孔列数

说明：

4. 四曲面工井

工井单体模型分为东、西、南、北、上、下、东南、西南、西北、东北 10 个面组成（默认情况下，即以原点为中心点，模型长宽方向沿南北进行延伸，未经过旋转平移）。其三维模型图、俯视及仰视图如图 3-9、图 3-10 所示。其有孔立面图如图 3-11 所示。

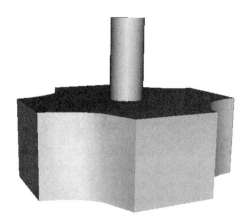

图 3-9　四曲面工井三维模型

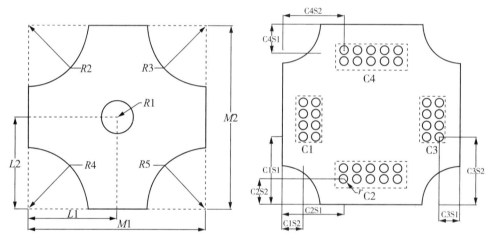

图 3-10　四曲面工井俯视及仰视图

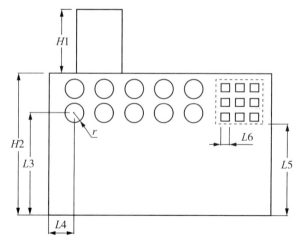

图 3-11　四曲面工井有孔立面图

　　四曲面工井模型的参数如表 3-5 所示。

表 3-5　　　　　　　　　　　　　　　四曲面工井模型参数

<table>
<tr><td rowspan="9">控
制
参
数</td><td>H1 井筒高</td><td>H2 工井单体高</td><td>R1 井筒半径</td><td>R2 西北面曲面半径</td></tr>
<tr><td>R3 东北面曲面半径</td><td>R4 西南面曲面半径</td><td>R5 东南面曲面半径</td><td>L1</td></tr>
<tr><td>L2</td><td>L3</td><td>L4</td><td>L5</td></tr>
<tr><td>L6</td><td>M1</td><td>M2</td><td>r 管孔半径</td></tr>
<tr><td>C1S1</td><td>C1S2</td><td>C2S1</td><td>C2S2</td></tr>
<tr><td>C3S1</td><td>C3S2</td><td>C4S1</td><td>C4S2</td></tr>
<tr><td>C1m 是 C1 管孔行数</td><td>C1n 是 C1 管孔列数</td><td>C2m 是 C2 管孔行数</td><td>C2n 是 C2 管孔列数</td></tr>
<tr><td>C3m 是 C3 管孔行数</td><td>C3n 是 C3 管孔列数</td><td>C4m 是 C4 管孔行数</td><td>C4n 是 C4 管孔列数</td></tr>
</table>

说明：

　　各类模型的几何参数可以通过算法提取、人工设置获得，在后面的章节中将讲解如何建造不同类型的地下工井三维模型。

3.2　工井三维模型的构建

　　三维彩色扫描技术具有快速性，不接触性，穿透性，实时、动态、主动性，高密度、高精度，数字化、自动化等特性，随着其测量精度、扫描速度、空间解析度等方面的进步和价格的降低，在建筑三维逆向重建方面得到越来越广泛的应用。它采用非接触式测量手段，可以在不损伤物体的情况下，深入到复杂的环境和现场进行扫描操作，并直接将各种大型的、复杂的、不规则的实体的三维数据完整地采集到计算机中，从而快速重构出扫描物体的三维模型。同时，它所采集的三维激光点云数据不仅包含目标的空间信息，而且记录了目标的反射强度信息和色彩灰度信息。

　　利用三维激光扫描仪可以快速地获取建筑的三维点云模型，点云数据中的每个点都包涵显性的三维坐标。基于点云数据，可以实现简单的建筑物三维浏览和漫游。然而，一方面，单纯的点云数据结构数据量庞大，难以适用于地下建筑物的高效漫游和浏览；另一方面，由于无法提供语义级别的信息，无法进行更高层次的分析研究。因此，需要在此基础上进一步对点云数据进行处理，从而提取和重建物体的三维结构，以实现显示、分析、量测、仿真、模拟、监测、存储、检索等功能。

　　工井模型依据地下电缆数据采集中获得的点云数据、GPS 数据、CAD 数据、影像数据、文档资料以及 GIS 数据等进行半自动精细化模型构建，对于完成的精细化模型进行三维实体布尔运算，获取贴合点云数据的工井模型。

采集得到的点云数据存在大量的杂点，会在对工井的三维模型构建工程中产生非常严重的影响以及误导；并且原始点云数据数据量巨大，在操作上会对计算机带来非常大的负担。所以，我们需要对原始点云数据进行预处理操作，对点云数据进行抽稀以及去噪。

3.2.1　点云抽稀

对于采集到的点云数据进行点云抽稀处理。现有的点云抽稀方法主要有系统抽稀方法、基于网格的抽稀方法、基于TIN的抽稀方法、基于坡度的抽稀方法以及基于流处理的抽稀方法等。对于现有算法进行总结分析，本书选择采用一种可移动网格划分的方法对点云数据进行抽稀处理。由于庞大的点云数量，传统的网格划分方法在二分插入时将花费巨大的时间。为了优化点云抽稀的时间，可移动网格对点云数据进行了二次划分的方法，即首先对点云数据进行粗略的一次划分，在第一次划分的网格中继续进行小网格的细致划分，可以大幅减少小网格的二分插入处理时间[39]。

在解决抽稀处理时间的基础上，需要提高抽稀处理的效果。现有的抽稀方法对于整体点云数据均采用了一样的简化方法，即有可能会过滤掉网格中的特征点，例如佛像指尖、桌子边角以及工井内的缆线点云等。一视同仁的简化策略会导致点云数据中的特征点丢失，难以进行高质量的三维模型曲面重建，出现模型的几何特征信息大量失真的问题。所以，为了重建出高质量的三维模型，我们需要在抽稀策略中融合特征点的判断策略，保证三维模型重建后能还原现实物体。倪小军[40]设计了一种特征保留的点云自适应精简方法。点云的空间分割以及邻域关系建立是该算法的基础，整体点云数据依据邻域的弯曲度可以整理分类为4个集合，通过单点邻域内4种集合的影响权重及点数比，计算得到点云自适应抽稀的距离阈值，便可在保留特征关键点的同时进行点云的自适应抽稀。

本书中的点云抽稀方法，首先通过移动网格划分，再对点云进行自适应抽稀，以达到对大规模点云数据进行精简的目的，可以在保留点云模型形态特征的基础上对数据进行最大程度简化(图3-12)。

原始点云　　　　　　　　　　　　　　　　　处理后点云

图3-12　点云预处理

3.2.2　点云特征提取

由于需要三维重建的场景往往非常复杂，所以一般采集得到的点云数据量会非常巨大。采用点云数据直接进行三角网建模在时间效率、处理难度、系统资源消耗上都存在困难及问题。为了能利用点云数据进行更加简洁及高效的建模，需要对海量点云数据提取几何特征，然后利用几何特征对点云数据进行分割[41]。

特征作为表明物体本质属性的事物，一直以来，在模式识别、机器人视觉、图像分割、边缘提取等方面起着非常重要的作用。点云的特征自下而上，可以分为特征点、特征线、特征面3类。

点云的特征点提取策略可以参考图像中的梯度算子、Soble算子、Robert算则等在阶跃点、屋脊点方面的应用，然后利用Hough变换等方法提取边缘等信息。在点云中应用以上策略，需要从空间三维几何特征的角度考虑。特征点有距离不连续点、尖锐点、平面点和曲面点等。

线特征信息在图像处理领域也有很多大家所熟悉的方法，如Hough变换等。在二维领域，边缘可以是直线、曲线、圆等，根据像素的灰度值可以很方便地求取出来。而在三维中，特征线提取便比较复杂，可以通过点云局部微分几何的，只是对表面形状进行分析、提取特征线。

平面特征是几何特征中比较重要的特征，其具有各向同性的性质，并且曲率H与高斯曲率K相等为0，在几何形状分析中比较容易识别，所以非常受重视。平面特征提取有很多方法，如Hough方法、区域增长法、RANSAC算法等。Hough方法需要将方向进行离散化，将空间问题转化到参数范围内，根据统计值进行分析；区域增长法是基于点法线之间角度的比较，将满足平滑约束的相邻点合并在一起，以一簇点集的形式输出。每簇点集被认为是属于相同平面。

3.2.3 点云分割

点云分割的现有分割方法可以分为基于边缘的分割方法和基于区域的分割方法。相比于基于区域的分割方法，基于边缘的分割方法在计算量以及计算流程上都略微繁琐。把拥有相同的基本几何特征的点云数据分割至同一个区域的方法，叫作基于区域的分割方法，主要包含基于聚类的分割方法[42]、基于区域增长的分割方法[43-44]、基于模型拟合的分割方法以及混合分割方法[45]。这4种分割方法各有优劣。

故本书中采用一种Schnabel等[46-48]提出的更为有效率的随机抽样一致RANSAC算法，此算法能够有效并准确地检测出模型的几何参数信息，甚至在包含大量噪点的点云数据中依旧表现优秀。此方法基于随机抽样，并检测平面、球体、圆柱体、圆锥体和圆环，通过迭代的比较和排序，最终匹配出最优的分割方案。这个改进后更有效率的RANSAC算法的核心是一种新颖的、分层结构的候选形状生成的抽样策略，以及一种新的、懒惰的成本函数评估方案，它显著降低了总体计算成本。算法总体结构如算法1中的伪代码所示：

算法1 在点云集P中提取形状

```
Ψ←φ{extracted shapes}
C←φ{shape candidates}
repeat
    C←CUnewCandidates()
```

```
M←bestCandidate(C)
if P( |m|, |C |)>Pt then
    P←P\Pm｛remove points｝
    Ψ←Ψ∪m
    C←C\Cm｛remove invalid candidates｝
end if
UntilP(τ, |C |)>Pt
return Ψ
```

对于一个点云集合 $P = \{p1, \cdots, pN\}$ 以及相对应的法线集合 $\{n1, \cdots, nN\}$，算法输出的是一组原始形状 $\Psi = \{\Psi1, \cdots, \PsiN\}$，其具有相应的不相交点集 $P\Psi1 \in P, \cdots, P\PsiN \in P$ 以及一组剩余的杂点 $R = P \setminus \{P\Psi1, \cdots, P\PsiN\}$。在此算法中，将形状提取问题框定为由分数函数定义的优化问题。在算法的每次迭代中，使用 RANSAC 范例搜索具有最大分数的图元。通过使用 Schnabel 提出的高效率的 RANSAC 算法随机采样出 P 的最小子集来生成新形状候选者（candidates）。对于每个最小集合生成所有考虑的形状类型的候选者，并且这些候选者都包含于 C 中。因此，不必对检测不同类型的形状施加特殊排序。在生成新候选者之后，使用有效懒惰分数评估方案[46]来计算具有最高分数 m 的候选者。如果考虑到候选者分数 $|m|$ 的值（候选者中点的个数）和提取出的候选者 $|C|$ 的数量，在采样期间没有更好的候选者能够超过概率 $P(m, C)$，则只接受最佳候选者。文献中提供了对采样策略的分析，以推导出合适的概率计算。如果候选者被接受，则从 P 中移除对应点 Pm，并且从 C 中删除用 Pm 中的点生成的候选 Cm。一旦用户定义的最小形状的尺寸 τ 的 $P(t, |C|)$ 足够大，该算法就终止。

采用这种高效率的 RANSAC 算法，可以有效地提取出地下构筑物点云数据每个面的点云片，其中每个分割得到的面以不同的颜色表示，如图 3-13 所示。

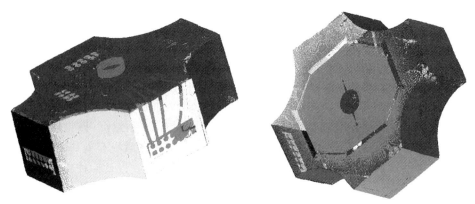

图 3-13　经过分割的点云数据

3.2.4　提取点云模型边界线

对于地下构筑物点云数据进行切割，获得构筑物的每个墙面单独的点云模型，包含立面、曲面、上下曲面等。对于单独的点云模型需要提取边界线，为下一步的模型构建做好准备。

该步骤算法包括：对于单个墙面模型进行主成分分析（principal component analysis，PCA），获得点云模型的特征向量，即该面点云的法向量；依据点云法向量可以将其旋转与 XOY 面平行，并将其投影至 XOY 平面；将面点云投影至该平面以获得投影轮廓；采用扫描线方式提取轮廓的边线初始点集；对点集进行拟合，获得模型边界线关键点（图3-14）。

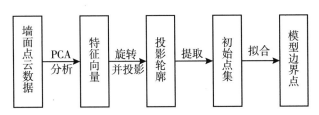

图3-14 提取点云边界流程

1. PCA 主成分分析

PCA 主成分分析[49]通过正交变换将一组可能存在相关性的变量转换为一组线性不相关的变量，是一种统计学中常用的方法，保留高纬度数据中最重要的一些特征，去除噪声和不重要的特征，从而实现提升数据处理速度的目的。主成分分析首先是由 K. 皮尔森（Karl Pearson）对非随机变量引入的，尔后 H. 霍特林将此方法推广到随机向量的情形。信息的大小通常用离差平方和或方差来衡量。

通过计算数据矩阵的协方差矩阵，然后得到协方差矩阵的特征值特征向量，选择特征值最大（即方差最大）的 k 个特征所对应的特征向量组成的矩阵。这样就可以将数据矩阵转换到新的空间当中，实现数据特征的降维。

设点集 P 中有 $\{x, y, z\}$ 3个纬度，则其协方差矩阵为：

$$\mathrm{Cov}(X, Y, Z) = \begin{pmatrix} \mathrm{Cov}(x, x) & \mathrm{Cov}(x, y) & \mathrm{Cov}(x, z) \\ \mathrm{Cov}(y, x) & \mathrm{Cov}(y, y) & \mathrm{Cov}(y, z) \\ \mathrm{Cov}(z, x) & \mathrm{Cov}(z, y) & \mathrm{Cov}(z, z) \end{pmatrix} \tag{3-1}$$

对角线上为 x，y 以及 z 的方差，非对角线是协方差，协方差大于 0 则表示变量 2 随着变量 1 的增加而增加；协方差小于 0 时，表示变量 1 增加而变量 2 减少；协方差为 0 时，则两个变量相互独立。协方差绝对值越大，两者对彼此的影响越大，反之越小。

通过计算点云数据的协方差矩阵，计算矩阵的特征值以及特征向量。其中，最小特征值所对应的特征向量可以认为是点云面所对应的法向量。

2. 四元数旋转

采用 PCA 主成分分析得到的点云面特征向量，不妨设置为 $n = (a, b, c)$，利用式（3-2）计算 n 与坐标轴 z 向量 $n_1 = (0, 0, 1)$ 的夹角值：

$$\cos\theta = n \cdot n_1 \tag{3-2}$$

以空间中一旋转轴 dir 以及旋转角度 θ，利用四元数旋转法可以对原始物体进行旋转。

$$\mathrm{dir} = n \times n_1 \tag{3-3}$$

按照下式完成旋转过程：

$$p_1 = \mu p \mu^{-1} \tag{3-4}$$

式(3-4)中，p 表示待旋转的原始点云中的任意点；p_1 表示按照四元数旋转后的对应点，并且：

$$\mu = \cos\frac{\theta}{2} + \mathrm{dir}\sin\frac{\theta}{2} \tag{3-5}$$

$$\mu^{-1} = \cos\frac{\theta}{2} - \mathrm{dir}\sin\frac{\theta}{2} \tag{3-6}$$

通过以上步骤，可以将空间中任意面点云旋转至与 XOY 面相平行的方向。

3. 提取边界线

将面点云投影至 XOY 平面上后，为了获得点云的边界轮廓需要进行提取边界线的操作，其中最重要的便是提取点云边界 X 以及 Y 方向上的关键点。

提取点云边界采用的方法是行列搜索的方式，以一定的间隔及沿着 X 方向或者 Y 方向搜索狭窄区域内的极值点，便是点云的边界点。

X 方向上的边界关键点需要在 Y 方向上进行搜索，可以称作行搜索。本书中移动步长采用式(3-7)这一离散点平均距离的经验公式来确定。

$$d = \frac{\sqrt{A}}{\sqrt{n-1}} \tag{3-7}$$

式中，A 是面点云投影至 XOY 平面后的平面面积，但是因为面点云通常存在形状不规则、难以采用常规数学方法求得的问题，本书简单采用面点云的 $AABB$ 包围盒在 XOY 平面上的面积来表示 A，n 为原始面点云数据中点云的个数。

遍历整体平面点云数据获得在 Y 方向上的 Y 值小的点 $p_{ymin}(X, Y_{min})$，以及 Y 值最大的点 $p_{ymax}(X, Y_{max})$。以 p_{ymin} 为起始点，进行行搜索操作，搜索范围起始于 $\left(Y_{min} - \dfrac{d}{2}\right)$ 并终止于 $\left(Y_{max} + \dfrac{d}{2}\right)$。其中，$Y$ 值每增加一个移动步长 d，就要从范围 $\left(Y_i - \dfrac{d}{2}\right) \leqslant Y \leqslant \left(Y_i + \dfrac{d}{2}\right)$ 中筛选出 X 值最小的点 $p_{xmin}(X_i, Y_i)$ 和 X 值最大的点 $p_{xmax}(X_i, Y_i)$。我们分别记录下来 $p_{xmin}(X_i, Y_i)$ 以及 $p_{xmax}(X_i, Y_i)$，然后按照一定的顺序连接 $p_{xmin}(X_i, Y_i)$ 以及 $p_{xmax}(X_i, Y_i)$，这些获得的点集便是采用行搜索得到的 X 方向上的边界点，如图 3-15 所示。图中虚线表示行搜索过程中每次扫描线的位置，中间浅灰色小点表示平面点云数据在 XOY 平面上的投影点集，周围深色点代表在行搜索过程中获得的 X 方向上的边界关键点。

采用同样的方式可以获得到 Y 方向上的边界关键点。在 Y 方向上按照 X 值比较大小进行搜索，可以称作列搜索。如图 3-16 所示，虚线表示列搜索过程中每次扫描线的位置，中间浅灰色小点表示平面点云数据在 XOY 平面上的投影点集，周围深色点代表了在行搜

索过程中获得的 Y 方向上的边界关键点。

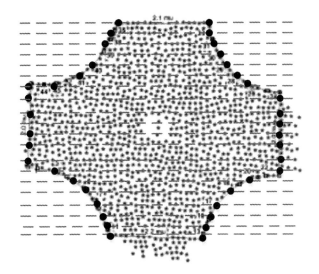

图 3-15 平面点云数据 X 方向上的边界点

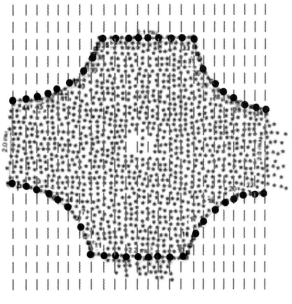

图 3-16 平面点云数据 Y 方向上边界点

采用这种方法进行边界点提取会因为平面点集的散乱性以及误差等因素造成边界点重复或者溢出的情况，所以对于得到的边界关键点需要进行二次处理。采用曲率对边界点进行判断，计算当前点与前后点所连线段的曲率，当曲率差值大于一定阈值时，证明当前点为溢出点或者错误点，便在边界点集上将此点删除。

由以上算法步骤，可以得到墙壁的关键点数据(图 3-17)。

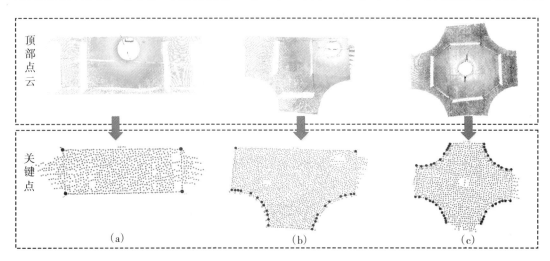

图 3-17 点云边界提取

通过自动提取方式获取的边界线会存在一定的误差，为了获取与点云模型完全贴合的二维边界线，可以对之前提取得到的点云数据边界线通过基准线编辑进行修改，继而生成与点云贴合的精细化三维模型。图 3-18 为修改错误边界线的过程。

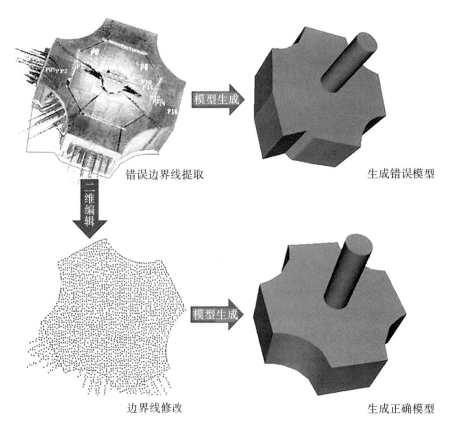

图 3-18 修改模型边界线

通过以上过程获得的三维模型，可以符合实际场景中地下建筑的几何形状，但是缺少了可以在多个地下设施进行联通的"门窗"——管孔，这部分的建模在本章的后续部分进行介绍。

3.3 工井模型几何拓扑重构

3.3.1 工井模型几何拓扑重构

通过 3.2 节介绍的方法可以获得到符合实际场景中的地下建筑的三维模型，但是缺少了可以在多个地下设施进行联通的管孔模型。为了建立管孔的三维模型，需要对已有的地下建筑模型进行几何拓扑重构，修剪出墙壁上的孔洞。

孔洞在工井建筑模型内部承担着井内电缆连接的功能，在多个工井建筑中承担着连接井外管线的功能。所以，工井几何拓扑重构出的管孔模型在地下工程基础设施中具有重要意义。

对于建筑三维模型进行几何拓扑重构的大致流程如图 3-19 所示。

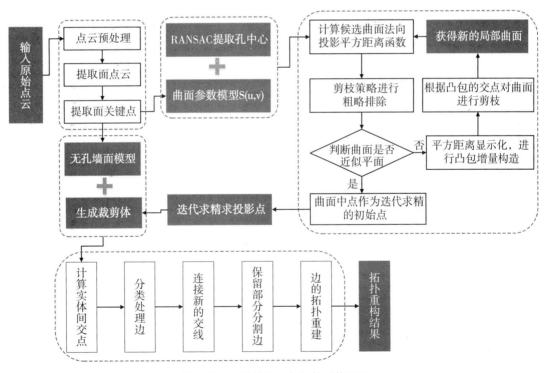

图 3-19 三维模型几何拓扑重构过程

工井墙壁上的管孔圆环可通过 RANSAC 提取得到边界点云，再通过最小二乘法可以获得到管孔圆心。管孔圆心投影到墙壁所在的平面上，在圆心点对墙壁模型剪裁，完成几何拓扑重构。

3.3.2 墙壁预处理

墙壁在几何形态上可以大致划分为曲面和平面两种(图 3-20)。墙壁的 CSG-BRep 模型可以用参数方程表示。在第 3.2 节中,获得的顶面边界关键点数据,采用高度平移可以获得点云模型底面的关键点。单面墙壁可以通过提取出的上顶面及下底面关键点建立参数方程表示墙面信息。

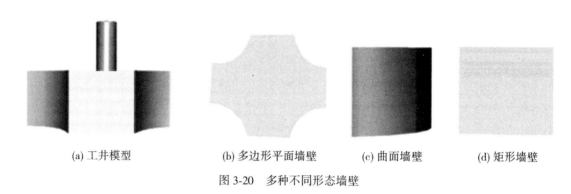

(a) 工井模型　　　　　(b) 多边形平面墙壁　　　(c) 曲面墙壁　　　　(d) 矩形墙壁

图 3-20 多种不同形态墙壁

1. 平面墙壁

对于平面墙壁,墙壁所在的无限平面参数方程由过平面中的任意一点 P 以及面法线 N 可以确定:

$$S(u,v) = P + u \cdot Du + v \cdot Dv, (u,v) \in (-\infty, +\infty) \times (-\infty, \infty) \tag{3-8}$$

对无限平面的剪裁以矩形为例(图 3-21),矩形裁剪平面的数据包含实数 U_{min},U_{max},V_{min},V_{max} 和一个无限平面 $S(u, v)$。矩形裁剪是将平面限制在矩形区域 $[U_{min}, U_{max}] \times [V_{min}, V_{max}]$ 内得到结果。被剪裁的平面 $B(u, v)$:

$$B(u, v) = S(u, v), (u, v) \in [U_{min}, U_{max}] \times [V_{min}, V_{max}] \tag{3-9}$$

平面墙壁的关键点(图 3-22)主要为直线边的首尾端点(曲线关键点的端点)以及曲线的关键点。将平面关键点以顺时针或逆时针方向排列生成环类型的元素,然后以环的范围为限制界线对无限平面进行剪裁,生成可以进行拓扑运算的平面参数方程。

此部分采用代码进行实现,可参考:

```
gp_Dir N = normal;
gp_Pnt * Pts = new gp_Pnt[PtSize];
//初始化略
BRepBuilderAPI_MakePolygonp;
for(int i = 0; i<PtSize; i++)
{
    Handle(Geom_Line) aLine1 = new Geom_Line(Pts[i], N);
```

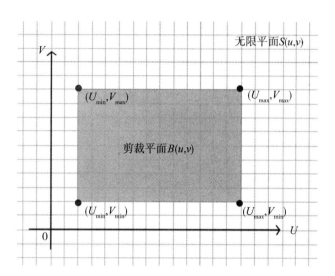

图 3-21 *UV* 平面剪裁

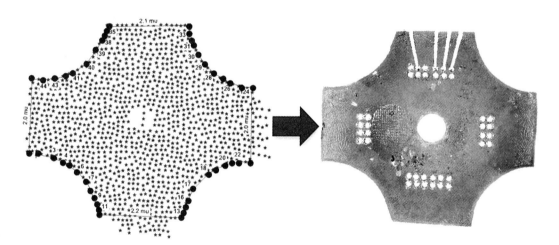

图 3-22 平面墙壁关键点

```
Handle(Geom_Plane) myPlane1 = new Geom_Plane(Pts[0], N);
GeomAPI_IntCS intCS(aLine1, myPlane1);
gp_Pnt aPnt1 = intCS.Point(1);
p.Add(aPnt1);
}
p.Close();
TopoDS_Wire W = p.Wire();
TopoDS_Face FACE = BRepBuilderAPI_MakeFace(W);
```

```
TopoDS_Shape wall = FACE;
```

其中，N 为平面所在墙壁的法线向量，p 为一个无限平面，通过过墙壁上的一点以及该点的法线来确定。程序中的 for 循环过程为剪裁该无限平面，需要注意的是所有参数点都需要投影到 p 的无限平面上。最终生成墙壁模型 FACE。

2. 曲面墙壁

实际的点云数据中，曲面墙壁并不一定是完美的部分圆柱面，所以采取规则的参数化建立曲面是不能解决实际问题的。

在这种情况下，采用的方式是根据提取出曲面墙壁上下边界线的关键点，建立两组等长数组。依据关键点生成 B 样条曲线，在数学上三维曲面被认为由两条曲线的笛卡尔积生成，所以通过 B 样条曲线来限定曲面的范围并且决定了曲面的形状[50-51]。曲面墙壁关键点如图 3-23 所示。

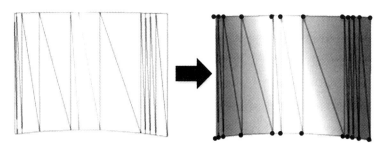

图 3-23　曲面墙壁关键点

相比于 Bezier 曲线，B 样条曲线更具有灵活性。Bezier 曲线的控制顶点对整条曲线都有影响，即改变某一顶点的位置，整条曲线的形状都会发生改变，因而 Bezier 曲线不具有局部修改性。而在 B 样条曲线中，可以对 B 样条设置任意数量的控制顶点，也可以确定各控制顶点的影响范围。

p 次 B 样条曲线的定义为：

$$C(u) = \sum_{i=0}^{n} N_{i,p}(u) P_i \tag{3-10}$$

式中，P_i 是控制顶点（control point），$N_{i,p}(u)$ 是定义在非周期节点矢量上的第 i 个 p 次 B 样条基函数，其定义为：

$$N_{i,0}(u) = \begin{cases} 1, & u_i \leq u \leq u_{i+1} \\ 0, & \text{其他} \end{cases} \tag{3-11}$$

$$N_{i,p}(u) = \frac{u - u_i}{u_{i+p} - u_i} N_{i,p-1}(u) + \frac{u_{i+p+1} - u}{u_{i+p+1} - u_{i+1}} N_{i+1,p-1}(u) \tag{3-12}$$

根据 B 样条曲线定义可知，给定控制顶点 P_i，曲线次数 p（degree）及节点矢量 U（knot vectors），B 样曲线也就可以确定。

依据已经获得的 B 样条曲线，通过笛卡尔积获得 B 样条曲面。曲面的数据包含：u 有

理标志位 r_u，v 有理标志位 r_v，曲面次数 m_u，m_v 和 weight poles。u、v 的次数 m_u、m_v 都不能大于 25，u、v 的控制点个数 n_u、n_v 都需要大于等于 2。其中，$B_{i,j}$ 表示三维点，$h_{i,j}$ 表示权重因子。

B 样条曲面的参数方程如下：

$$S(u,\ v) = \frac{\displaystyle\sum_{i=1}^{n_u}\sum_{j=1}^{n_v} B_{i,j} \cdot h_{i,j} \cdot N_{i,\ m_u+1}(u) \cdot M_{j,\ m_v+1}(v)}{\displaystyle\sum_{i=1}^{n_u}\sum_{j=1}^{n_v} h_{i,j} \cdot N_{i,\ m_u+1}(u) \cdot M_{j,\ m_v+1}(v)},$$

$$(u,\ v) \in [u_1,\ u_{k_u}] \times [v_1,\ v_{k_v}] \tag{3-13}$$

此部分采用代码进行实现，可参考：

```
TColgp_Array1OfPntarray1(1, PtSize/2);
TColgp_Array1OfPntarray2(1, PtSize/2);
//初始化数组过程略
 Handle ( Geom _ BSplineCurve ) SPL1 = GeomAPI _ PointsToBSpline
(array 1).Curve ();
 Handle ( Geom _ BSplineCurve ) SPL2 = GeomAPI _ PointsToBSpline
(array 2).Curve ();
GeomFill_FillingStyle Type=GeomFill_StretchStyle;
GeomFill_BSplineCurvesaGeomFill1(SPL1, SPL2, Type);
 Handle ( Geom_BSplineSurface ) aBSplineSurface1 = aGeomFill1.
Surface ();
TopoDS_Face FACE = BRepBuilderAPI_MakeFace(aBSplineSurface1,
0.001);
```

代码中需要建立两个一维数组 array1 和 array2 来存放曲面模型的上、下边界点，再将其转化为 B 样条曲线 SPL1、SPL2，设置曲面的填充类型，这里有 3 个参数可以选，分别是 GeomFill_CoonsStyle、GeomFill_StretchStyle 以及 GeomFill_CurvedStyle，这 3 类填充类型的平滑度依次提升。

3.3.3 墙面投影点计算

工井墙面的管孔生成依赖于管孔中心点以及形状参数。本书进行拓扑重构的管孔位置是采用最小二乘的方法对管孔的边线点云进行空间圆拟合以及设定圆半径阈值来获得[52]。通过这种方法提取得到的点会与上文利用关键点生成的面具有相离的状态，点面误差过大时会影响后续的墙壁拓扑运算，无法进行拓扑重构。为了严谨起见，本书选择将所得的圆心点投影到平面或者曲面墙壁上，再对墙面模型进行拓扑重构（图 3-24）。

曲面的点投影问题也可以称为点与表面之间的最小距离计算问题。点和面之间的距离信息对于几何建模中的表面和表面构造非常重要，常用于计算机图形和计算机视觉中的碰撞检测和物理模拟[53-54]。

法向投影普遍被应用于求解点到自由曲线或者自由曲面的投影点。在给定的空间一点

（a）平面墙壁　　　　　　　　　　　（b）曲面墙壁

图 3-24　不投影情况下在管孔点处进行布尔运算

P，在曲线/曲面上寻找对应的投影点 Q，这一计算过程被称为法向投影，并且 P 与 Q 的连线在 Q 处是垂直于该曲面的。其中点 P 被称作为待投影点，Q 为投影点，Q 所在的被投影曲面被称为基曲面(图 3-25)。

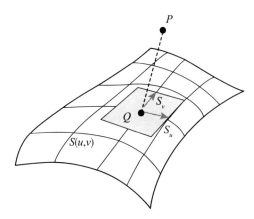

图 3-25　曲面外一点投影

当基曲面为参数曲面时，法向投影需要满足的条件方程式为：

$$\begin{cases} (S(u_0,\ v_0)\ -\ P)\ \cdot\ S_u(u_0,\ v_0) = 0 \\ (S(u_0,\ v_0)\ -\ P)\ \cdot\ S_v(u_0,\ v_0) = 0 \end{cases} \tag{3-14}$$

式中，$(u_0,\ v_0)$ 是 Q 在参数曲面 $S(u,\ v)$ 上的参数，即 $Q = S(u_0,\ v_0)$，$S_u(u_0,\ v_0)$、$S_v(u_0,\ v_0)$ 分别是参数曲面 $S(u,\ v)$ 的 u 向和 v 向一阶偏导数。

法向投影无论采用何种方式来进行结算，都可以被通用的拆解为以下两个步骤：

（1）初始值估算，对基曲面进行拆解，尽量缩小基曲面上包含待求点的参数区间，称为全局估算；

（2）估算值进行迭代求精，获得基曲面上的待求点。

本书结合了法向投影的全局估算以及迭代求精算法对空间点进行投影，具体的流程如图 3-26 所示。

1. 法向全局投影

全局估算是在基曲面上得到包含投影点的候选曲面片，为后续的迭代求精结算投影点减轻计算负担。全局估算投影在整个投影算法中承担着一个选择初始值的功能，为后续的

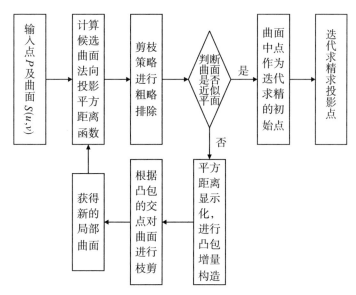

图 3-26　中心点的投影点计算流程

法向迭代求精计算具体投影点作铺垫，在迭代算法中初始值的选取对于后续迭代收敛具有很大的影响[55-56]。

本书采用了一种宋海川博士提出的投影算法，该算法的基础是法向投影的平方距离函数的凸包剪枝点自由曲面上法向投影的全局估算算法。该算法在运行的效率以及投影的结果上都具有良好的效果，对比于裁剪球算法[57]以及裁剪立方算法[58]都有不俗的表现。

在三维空间中，有给定基曲面 $S(u, v)$ 以及待投影点 P，要计算待投影点在曲面上的法向投影，则主要步骤如下：

（1）计算候选曲面中的法向投影平方距离函数：

$$f(u, v) = (S(u, v) - P)^2$$

（2）对于候选曲面采用一种较为粗略的方法进行筛选排除，使用的方法是剪枝策略。

（3）根据自定义阈值对当前候选曲面进行判断，如果当前曲面的曲率小于阈值，则将该曲面认定为平面并且全局估算投影算法结束。当前平面的中心点被认为是迭代求精算法中的初始点。

（4）如果当前曲面的曲率大于用户自定义的阈值，则当前曲面不能被认为是平面，并且需要将平方距离函数进行显示化表达。进行凸包增量构造，分别计算已知最小平方距离 α 与 u 向凸包、v 向凸包的交点，并对候选曲面进行剪枝，以此得到新的候选曲面片。

（5）对当前曲面进行递归判断并且返回步骤（1）。

使用全局估算迭代（图 3-27）解算候选曲面，红色曲面表示待求区域，绿色曲面表示已经被排除的区域，蓝色曲面表示在每一次递归使用全局估算算法时排除的区域。

2. 法向投影的迭代求精算法

对于缩小到一定阈值的曲面，采用法向投影的迭代求精算法对投影点求解，减少曲面

47

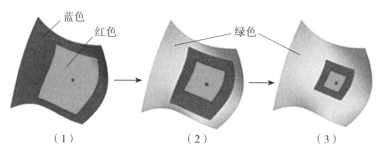

图 3-27 全局投影迭代过程

细分程度以使算法更加轻量化。

迭代求精算法可以分为代数迭代算法以及几何迭代算法两类。代数迭代算法可以参考 Pigegl 和 Tiller[59] 提出的牛顿迭代算法，收敛速度快，但是需要计算基曲面的一阶导数以及二阶导数，当导数过大或者过小时代数迭代法将会非常不稳定，并且代数迭代法非常依赖基曲面的参数化以及初始值。

由于代数迭代法存在着一些不可避免的缺点，几何迭代算法逐渐在迭代求精算法中崭露头角。使用逼近几何的近似精度越高，则迭代的收敛速度和稳定性就越好。相对于代数迭代算法，几何迭代在基曲面的参数化上依赖性较小，并且初始值的选择对结果影响较弱，更适用于实际工程。

此部分代码可以参考：

```
gp_Dir N=normal;
gp_Pnt tempP(x, y, z);
Handle(Geom_Line) aLine=new Geom_Line(temp, N);
Handle(Geom_Plane) myPlane=new Geom_Plane(facePts[0], N);
GeomAPI_IntCSintCS(aLine, myPlane);
gp_Pnt aPnt=intCS.Point(1);
```

此部分代码为平面参数面 myPlane 中求得投影点的方法，其中 tempP 为需要被投影至平面的点，N 为该平面的法线，过 tempP 点在法线方向做一条无限延伸的直线 aLine，直线与面相交于点 aPnt，即为投影点。

```
Handle(Geom_Surface) aSurface=BRep_Tool::Surface(FACE);
GeomAPI_ProjectPointOnSurfPPS(CircleP[i], aSurface);
gp_Pnt aPnt=PPS.NearestPoint();
```

以上代码为在曲面上求取投影点的代码，将上一节中生成的曲面模型 FACE 转化为 Geom_Surface 曲面类型的 aSurface，通过求 CircleP[i] 点在曲面 aSurface 上的最近一点 aPnt，可以获得曲面上待求点的投影点。

3.3.4 墙面模型拓扑重构

工井墙壁模型上的管孔是电缆连接的基础，为了满足逆向重建的需求，需要对墙面模型进行布尔运算以完成拓扑重构。

布尔运算最早在 1874 年由英国学者提出，目的在于处理目标二值之间的关系[60]。在三维模型重建领域，我们可以将多个物体通过并(Fuse)、差(Cut)、交(Common)这些运算方法来得到新的物体[61-64]。现有两参与布尔运算的物体 $S1$ 以及 $S2$，对其进行 3 种不同的布尔运算，运算及结果如下：

（1）并(Fuse)：物体 $S1$ 和物体 $S2$ 需要删除共有部分一次，运算的结果将两物体合并为一个物体对象 R。求并算子的参数顺序 Fuse($S1$, $S2$)或者 Fuse($S2$, $S1$)不影响 R 的结果。

（2）差(Cut)。差运算以物体的减或者被减位置不同分为两种情况。就是所获得的结果 R 会因为 $S1$ 和 $S2$ 减数与被减数的情况不同而不同。若物体 $S1$ 是运算中的减数，那么需要在物体 $S1$ 中清除物体 $S1$ 和物体 $S2$ 的公有部分，求差符号可以被简单记为 Cut12；若物体 $S2$ 是运算中的减数，那么需要在物体 $S2$ 中清除物体 $S1$ 和物体 $S2$ 的公有部分，求差算子可以简单地记为 Cut21。求差符号的参数顺序 Cut12($S1$, $S2$)或者 Cut21($S2$, $S1$)影响 R 的结果。

（3）交(Common)。交运算需要留存两个物体的公有部分，清除之间互不相同的部分。求交运算的参数顺序 Common($S1$, $S2$)或者 Common($S2$, $S1$)不影响 R 的结果。

布尔运算的 3 个算子之间相互关联，两两之间都存在着转化关系。3 个算子之间的转化关系如图 3-28 所示。

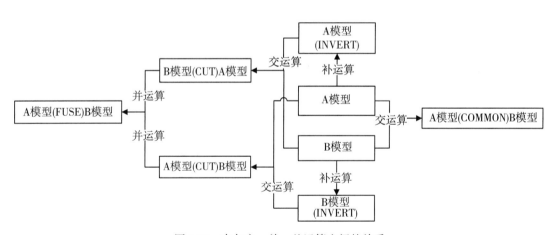

图 3-28 布尔交、并、差运算之间的关系

在本章中，参与布尔运算的物体是上文所构建的三维空间模型，它们可以分为体素模型和三角网模型两类。

体素是现实生活中真实的三维实体。根据体素的定义方式，体素至少可以分为两大类，一类是基本体素，有长方体、球、圆柱、圆锥、圆环、楔形等；本章中布尔操作依赖的是参与运算对象的参数方程，表 3-6 为本章中参与到地下构筑物拓扑重构中几种体素的参数方程。

表 3-6　　　　　　　　　　　　　　要素的参数方程表示

典型元素	参数方程描述
直线	$C(u)=P+u\cdot D$
平面	$S(u,v)=P+u\cdot D_u+v\cdot D_v$
圆柱面	$S(u,v)=P+r\cdot(\cos(u)\cdot D_x+\sin(u)\cdot D_y)+v\cdot D_v$
圆锥面	$S(u,v)=P+(r+v\cdot\sin(\phi))\cdot(\cos(u)\cdot D_x+\sin(u)\cdot D_y)+v\cdot\cos(\phi)\cdot D_z$
球面	$S(u,v)=P+r\cdot\cos(v)\cdot(\cos(u)\cdot D_x+\sin(u)\cdot D_y)+r\cdot\sin(v)\cdot D_z$
圆环面	$S(u,v)=P+(r_1+r_2\cdot\cos(v))\cdot(\cos(u)\cdot D_x+\sin(u)\cdot D_y)+r_2\cdot\sin(v)\cdot D_z$
拉伸面	$S(u,v)=C(u)+v\cdot D_v$
旋转面	$S(u,v)=P+VD(v)+\cos(u)\cdot(V(v)-VD(v))+\sin(u)\cdot[D,V(v)]$

另一类是扫掠体素或旋转体素，如图 3-29 所示。

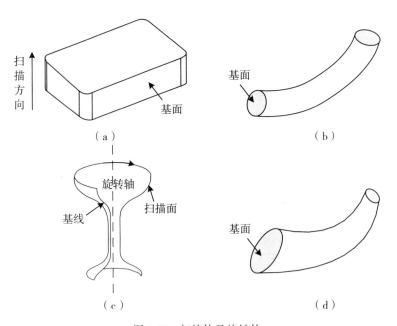

图 3-29　扫掠体及旋转体

　　而另一种三维空间模型，三角网模型（triangulated irregular network，TIN）采用一系列之间互不重叠地连接在一起的三角面片来表示三维物体。基于微分几何，可以将一个光滑的曲面认为是由多个三角面片采用分段线性逼近的方式进行表示的。在形式方面，三角网格 M 可以被认为是一个二元组 $M=(P,K)$，P 是一个 m 大小的三维空间点集，$P=\{p_1,\cdots,p_m\}$，$p_i\in R^3$。点集中每个点 p_i 均对应网格模型中的一个顶点元素，作用是确定了网格的形状。K 表达的是一个单纯复形（simplicial complex），作用是可以确定网格的拓扑结构。三角网模型同时具有矢量特征以及栅格特征，在包含矢量结构的同时能够进行空间铺盖。采用三角网模型可以很好地对三维空间进行描述。

参与运算的三维实体模型，在模型特征以及组成上可以分为点（vertex）、边（edge）、环（wire）、面（face）、壳（shell）、体（solid）、复杂体（compsolid）、复合体（compound）几类，在维度分布上符合表 3-7 中的规则。

表 3-7

模 型 维 度

模型类型	维度
点（vertex）	1
边（edge）	1
环（wire）	1
面（face）	2
壳（shell）	2
体（solid）	3
复杂体（compsolid）	3
复合体（compound）	0，1，2，3 都有可能

对于现有的三维模型进行布尔运算，其参数需要满足以下 3 条基本法则：

（1）在求并计算（Fuse）中，参数应当具有相同的维度；

（2）在求差计算中（Cut12）中，参数 S2 的最小维度不能够比参数 1 的最小维度小；

（3）在求交计算中（Common）中，参数 S1 和 S2 可以有任意维度。

在参数满足以上要求时可以进行布尔运算，计算得到的结果 R 同时需要满足以下要求：

（1）布尔运算的结果是一个复合体（compound），根据参数间的干扰，复合体的每个子形状共享了参数的子形状；

（2）R 的包含的内容取决于操作的类型（Common，Fuse，Cut12，Cut21）以及参数的尺寸。

（3）求并计算（Fuse）是针对具有相同维度的两个参数：$Dim(S1) = Dim(S2)$，所得的结果和参数是同一维度。如果参数具有不同的维度值，那么将不会进行 Fuse 计算。比如，不可以对边以及面进行求和计算。

（4）参数 S1、S2 求交计算（Common）的结果 R 的维度是以两个参数所有维度来决定的，结果可以包含不同维度的形状，但是 R 包含的最小维度等于参数的最小维度。例如，边与边之间进行求交计算，结果不能为顶点。

（5）求差计算（Cut12）结果 R 的维度不应小于 S1 的最小维度，并且 S2 的维度不应当小于 S1 的维度，比如不能够从一个立方体中切除掉一条边。

三维模型拓扑重构需要的两个参数，S1 墙面模型，S2 投影点处的球模型，采用求差

51

计算对墙面模型进行切割，便可获得具有孔洞的墙面模型。S2 投影点处的球模型的半径可以通过用户设置的管孔半径(边长)或 RANSAC 拟合得出。

模型拓扑重构一般需要遵循图 3-30 中的流程，对于输入的三维模型建立八叉树(octree)并进行相交区域判断，即交叉检测，减少模型面遍历次数；计算模型间相交的点；交点分类；利用计算得到的交点进行网格划分。前两步被称为相交探测，后两步则是布尔运算。

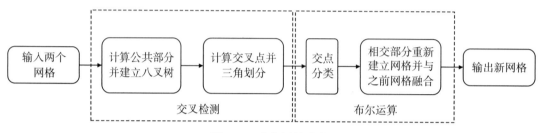

图 3-30　布尔运算流程

1. 模型相交检测

两个模型之间的交点检测是布尔运算的基础，快速准确地搜索交叉线是布尔运算的关键。在本节中，采用八叉树这种可以节省内存的方法来加速交叉检测的速度。

对于两个相交的模型，公共部分的空间并不是很大。可以通过构建八叉树来划分公共空间，以加快交叉检测的速度并降低内存利用率(图 3-31)。公共空间可以计算如下：

如图 3-31 所示的两个参与运算的模型 S_A 和 S_B，假设它们的 $AABB$ 包围盒(axis-aligned bounding boxes)为 Box_A 和 Box_B，可以表示为：

$$Box_A = \begin{pmatrix} X_{A\max}, & Y_{A\max}, & Z_{A\max} \\ X_{A\min}, & Y_{A\min}, & Z_{A\min} \end{pmatrix} \tag{3-15}$$

$$Box_B = \begin{pmatrix} X_{B\max}, & Y_{B\max}, & Z_{B\max} \\ X_{B\min}, & Y_{B\min}, & Z_{B\min} \end{pmatrix} \tag{3-16}$$

式中，Box_A 和 Box_B 的公共部分 $Box_A \cap Box_B$ 被计算为：

$$Box_A \cap Box_B = \begin{pmatrix} \min(X_{A\max}, X_{B\max}), \min(Y_{A\max}, Y_{B\max}) & \min(Z_{A\max}, Z_{B\max}) \\ \max(X_{A\min}, X_{B\min}), \max(Y_{A\min}, Y_{B\min}) & \times & \max(Z_{A\min}, Z_{B\min}) \end{pmatrix} \tag{3-17}$$

为了保证能够包含所有相交三角形的空间，需要对 $AABB$ 包围盒进行扩展，对上式进行修改，修改后结果如下：

$$\overline{Box_A \cap Box_B} = \begin{pmatrix} \min(X_{A\max}, X_{B\max}) + l, \min(Y_{A\max}, Y_{B\max}) + l, & \min(Z_{A\max}, Z_{B\max}) + l \\ \max(X_{A\min}, X_{B\min}) - l, \max(Y_{A\min}, Y_{B\min}) - l, & \times & \max(Z_{A\min}, Z_{B\min}) - l \end{pmatrix} \tag{3-18}$$

式中，l 是 S_A 和 S_B 中最长的边。

八叉树可以配置为在构建时间和空间数据查询性能之间实现良好平衡，八叉树的内存使用量也受此配置的影响。对于具有 N 个三角形的模型，构建八叉树通常需要的时间复

杂度为 $O(N\log(N))$。

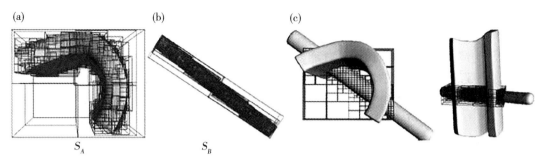

图 3-31 模型交叉检测

2. 相交部分模型布尔运算

通过相交检测可以获得两个运算模型之间相交的部分，将此部分三角面片 A 和 B 提取出进行进一步的布尔运算。对于被减数曲面 A 以及减数曲面 B，可以表示为 $\mathrm{Cut}(A, B)$，进行布尔运算，需要遍历曲面 A 中的所有三角边以及曲面 B 中的所有三角面片(采用参数曲面表示)。计算得到边与面的交点，这些点在曲面 B 上可以连接新的边。同样的操作步骤再计算出 B 中边线在曲面 A 中的交点以及新连接得到的边线。

算法过程中的计算交点，需要将所有的边统一表示为：

$$C(t) = (x(t)), y(t), z(t)) \tag{3-19}$$

所有的参数曲面统一表示为：

$$F(u, v) = (x(u, v), y(u, v), z(u, v)) \tag{3-20}$$

则参数曲线和参数曲面的交点由下面的算法确定：

将两空间实体采用参数方程表示，参数方程求交需满足：

$$C(t) - F(u, v) = 0 \tag{3-21}$$

令

$$S(t, u, v) = C(t) - F(u, v) \tag{3-22}$$

求参数微分方程：

$$\mathrm{d}s = \frac{\mathrm{d}c}{\mathrm{d}t}(t) - \frac{\partial F(u, v)}{\partial u} - \frac{\partial F(u, v)}{\partial v}\mathrm{d}v \tag{3-23}$$

将微分方程各参数微分显示，并在两边点乘 $\dfrac{\mathrm{d}c}{\mathrm{d}t}$，令 $M = \dfrac{\mathrm{d}c}{\mathrm{d}t}\left(\dfrac{\partial F(u, v)}{\partial u} \cdot \dfrac{\partial F(u, v)}{\partial v}\right)$，可以获得迭代方程：

$$t_{i+1} = t_i - \left[\frac{\partial F(u, v)}{\partial u}\left(\frac{\partial F(u, v)}{\partial v} \cdot \mathrm{d}s\right)\right] / M(t_i, u_i, v_i) \tag{3-24}$$

$$u_{i+1} = u_i - \frac{\dfrac{\mathrm{d}c}{\mathrm{d}t}\left(\dfrac{\partial F(u, v)}{\partial u} \cdot \mathrm{d}s\right)}{M(t_i, u_i, v_i)} \tag{3-25}$$

$$v_{i+1} = v_i - \frac{\dfrac{dc}{dt}\left(\dfrac{\partial F(u, v)}{\partial v} \cdot ds\right)}{M(t_i, u_i, v_i)} \tag{3-26}$$

对于以上迭代方程，当满足收敛时可以得到最终的交点，对于新连接得到的交线将所在面分割的情况还需要继续讨论。对于具有相交关系的两个三角形，如果它们是共面的情况，那就可以退化至二维领域进行探讨，本书主要针对两个不共面的三角形进行探讨。简单地对三角形的相交情况进行分类，主要分为图 3-32 中的 3 类情况，分别是交点是边的一个端点[图 3-32(a)]、交点在三角形边上[图 3-32(b)]以及交点位于三角形内部[图 3-32(c)]。

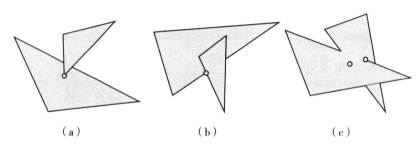

（a）　　　　　　　　（b）　　　　　　　　（c）

图 3-32　三角形相交情况分类

对于获得的交点进行交线连接后，相交部分的三角面片均被进行了不同程度的切割，需要将这些被切割开的"部分"三角形进行分类处理，判断所属在三角网 A 或者 B 中。如图 3-33 所示，边 ab 与 $\triangle def$ 有一个交点 n，顶点 $a(x_a, y_a, z_a)$ 相对于面 $F_{def}(x_a, y_a, z_a) < 0$。顶点 a 相对于包含 $\triangle def$ 的网格位于内部（inside）。采用相同的方法，顶点 d 在内部（inside），c 和 e 在外部（outside）。当然也有特殊情况，即两个三角形只有一个交点 $v(x, y, z)$，并且对于顶点 $v(x, y, z)$，$F(x, y, z) = 0$，并认为在网格上（on），对于

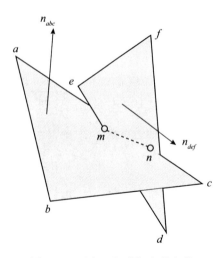

图 3-33　两个三角形相交的交线

所有的交点进行位置属性判断，赋予"outside""inside""on"这些属性，便可以用于判断被切割开的"部分"三角形所属的网格情况。

按照上述算法，通过模型之间的布尔运算，将模型之间的拓扑关系再次回归到模型内部拓扑关系的构建及拓扑结构的访问。同时可以实现网格交点求解、交线连接、部分三角形判断属性这几个布尔运算中的重要部分。对于分割后的"部分"三角形与原有网格进行融合，便能够得到布尔运算后的网格模型。

使用本算法只可以进行单个孔洞的剪裁，为了实现墙面多孔洞的复杂墙体，采用迭代的方法，将上一步完成的墙面作为新的 S1 代入到布尔运算中，反复多次，完成墙面的拓扑重构。具体效果如图 3-34 所示，分别展示了多平面、规则平面以及曲面拓扑重构的不同效果。

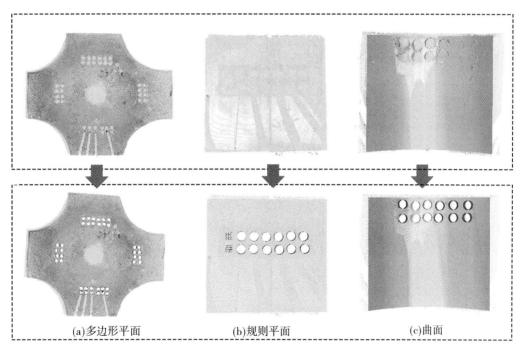

(a)多边形平面　　　　　(b)规则平面　　　　　(c)曲面

图 3-34　多种方法几何拓扑重构效果

以上部分的代码如下：

```
TopoDS_ShapeB;

TopoDS_Shape A;

TopoDS_Shape C=BRepAlgoAPI_Cut(A,B);
```

此部分代码被 OCC 封装得较为简明，其中 A 为被剪裁的墙面，B 为剪裁的物体，C 为最终拓扑运算得到的结果。

3.4　本章小结

本章介绍了地下工程建筑——工井的主要建模方法以及相应的代码。并介绍了布尔运算的 3 个算子，包括求并算子、求交算子和求差算子，对每一种算子的含义都作了简明的概述。然后介绍了体素的分类，接着将这些体素抽象为几何要素，并以参数方程的形式表示这些几何要素。该算法的实质是边界求交以后的去留问题。解决了空间相交模型的边界拓扑数据冗余以及拓扑不一致的问题。将计算机图形学中关于参数曲线和参数曲面求交点的算法引入到本布尔运算中，达到了事半功倍的效果。通过将实体模型之间的布尔运算转化成参数方程求解的问题，使得拓扑关系的转化实现具体化、数学化，具体操作起来也变得更为容易和直观。

第四章　工井内电缆模型构建

4.1　电缆几何形态描述

目前，国内外研究者对于地下管道缆线的三维重建模型提出了多种不同的方案，各有优劣。大部分方案对管线及缆线采取抽象化建模，比如将其抽象化为两点一线的直连管线。这样仅能处理形态规则且结构单一的管线段，构建出的模型与实际具有一定误差。少部分高精度符合实际造型的管线三维重建方案在三维重建时耗时较长而不适合工程应用，并且无法建立管线间的拓扑关系。

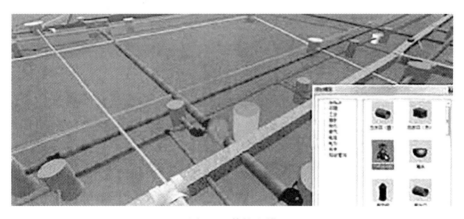

图 4-1　传统电缆

本书将地下工井电缆网络中电缆模型按照几何形态大致分为 3 类：折线（直线）形电缆、符合点云实际情况的弯曲电缆以及螺旋线形电缆盘余。突破了传统电缆系统（图 4-1）对于电缆线单一化、虚拟化的描述方式，实现对井内电缆走向及造型的写实化模拟。

折线（直线）形状电缆大多用于连接井室内部相对的两个墙壁面的管孔，形状表达简易。

符合点云实际情况的弯曲电缆多采用人工交互的方式确定电缆延伸旋转的方向及路线。这种符合点云实际弯曲情况的电缆在井内后期复检、维修以及监测中可以为施工人员以及监测人员提供便利，具有非常重要的意义。

缆线盘余是在工井内部非常重要的一个存在，后期施工中新工井内继续架设缆线时需要判断之前井内还有多少米的缆线存放，便于施工人员进行拉拽。而缆线盘余多盘放于地面，因井内多存在积水淤泥等将其掩埋，获取得到的点云数据无法精确描述这部分电缆，所以采用螺旋形的缆线来描述这部分盘余缆线。

4.2 地下工井电缆造型流程

电缆造型的流程大致如图 4-2 所示，分别选定两个墙壁上存在的管孔点(详见第三章)，确定电缆的与墙面管孔的连接关系以及联通位置，继而选择电缆的几何形状以及对应的参数设置，生成不同的电缆模型。

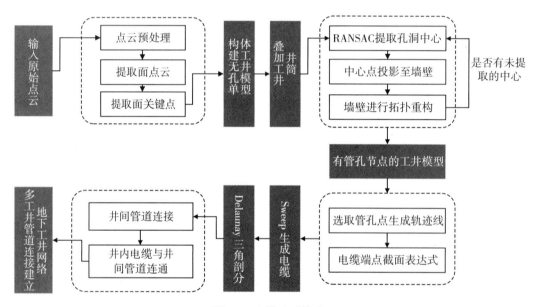

图 4-2 电缆造型算法

折线形状(包括直线)电缆可以直接选择两个以上的点获取电缆的中心轴线，不用选择其他参数，较为简单。

符合点云实际形状的电缆需要对已经生成的直线型电缆的轨迹线进行修改，通过人工选取电缆点云上的关键点的方式获得弯曲电缆的中心线，对于人工操作要求较高。

螺旋形状电缆盘余需要在生成时选择不同的盘余密度或者长度等参数信息，以生成螺旋形状的电缆中心轴线。

通过以上方法获得的电缆中心轴线是电缆三维模型建造流程中的重要信息，在中心轴线的端点开始沿着轴线进行 Sweep 放样，便可以获得到电缆模型，这一点在下一节中会进行介绍。

4.3 Sweep 放样算法

经典 Sweep[65] 放样方法的原理是确定一条轨迹线和一个截面，沿轨迹线对截面进行扫描形成几何模型。再将一条管线看作整张连续的曲面，采用 Delaunay（6.2 节中会进行介绍）三角剖分对其三角化以便于显示。轨迹线一般要求 G2 连续，否则在曲率不连续处截面会出现无法控制的扭转情况。

Sweep 曲面上任意一点 p_s，通常可用式（4-1）表达。

$$S(u, v) = C(v) + c_1(u, v)N + c_2(u, v)B \tag{4-1}$$

式中，$C(v)$ 表示管线中心轨迹线；$c_1(u, v) + c_2(u, v)$ 表示平面截面，可沿三维轨迹线进行扭转[66,50]；N、B 与轨迹线参数曲线的切线方向 $\boldsymbol{T}$ 组成了 Sweep 放样中截面的活动标架（即局部坐标系），用于对运动物体定位或进行姿态调整。

电缆的截面一般采用圆面表示，其二维平面局部坐标系的计算表达为式（4-2）：

$$L(u) = (r\cos(u), r\sin(u), 0) \tag{4-2}$$

将截面中心旋转平移至三维轨迹线的端点，并与端点处切线垂直，联立式（4-2）与式（4-1）可得式（4-3）：

$$P_s(u, v) = C(v) + r\cos(u)N(v) + r\sin(u)B(v) \tag{4-3}$$

采用连续点拟合形成连续光滑的曲线，再进行 Sweep 放样生成电缆（图 4-3）。

图 4-3　Sweep 放样算法

Frenet 标架是经典 Sweep 放样方法中常见的一种活动标架，具有自然、运动不变性等良好性质，但因同样具有较大的局限性，无法对具有尖点的折线段轨迹线或 G1 轨迹线进行良好处理。本书的地下电缆造型方法对经典 Sweep 放样方法进行一定改进，采用一种不绕初始切向旋转的局部标架——广义平移标架。该标架相对于初始点切向的转动量为 0，使得曲面扭动仅由曲线的切向量变动进行控制，优化曲面因曲线曲率不连续而发生的扭曲情况。

设在轨迹线 r 上，初始点 $r=r(0)$ 处的 Frenet 标架为 $\{r(0); \boldsymbol{T}^0, \boldsymbol{N}^0, \boldsymbol{B}^0\}$。在路径上任意点上 $r=r(s)$ 处，广义平移标架设置为 $\{r(s); \boldsymbol{T}^G, \boldsymbol{N}^G, \boldsymbol{B}^G\}$，其中 $\boldsymbol{T}^G$ 为该点切向 $\boldsymbol{T}$。$r=r(s)$ 的定义为式（4-4）：

$$\begin{cases} \boldsymbol{T}^G = \boldsymbol{T} \\ \boldsymbol{N}^G = c_1(s) \cdot \boldsymbol{B}^0 \cdot \boldsymbol{T}^G \\ \boldsymbol{B}^G = \boldsymbol{T} \times \boldsymbol{N}^G c_1(s)(\boldsymbol{B}^0 \leqslant \boldsymbol{B}^0, \boldsymbol{T} > \boldsymbol{T}) \end{cases} \tag{4-4}$$

式中，$c_1(s) = |\boldsymbol{B}^0 \times \boldsymbol{T}|^{-1}$，由定义可知，$\boldsymbol{N}^G$ 总平行于初始点 $\boldsymbol{T}^0$，$\boldsymbol{N}^0$ 所确定的平面。在路

径切向 $\boldsymbol{T}$ 与初始点法向 $\boldsymbol{B}^0$ 平行处、曲率不连续处或折线段的尖点处(后统称拐点 P)，$\boldsymbol{B}^G$ 取值无法确定，需要对标架进行调整。选取拐点 P 前后的两点 P_1 与 P_2，$\boldsymbol{B}^G$ 方向可以由 P_1 与 P_2 两点的副法矢 $\boldsymbol{B}^1$、$\boldsymbol{B}^2$ 依据曲线的参数作线性插值得到。采用该标架可以优化因活动标架在 s 处出现跳跃而产生的 Sweep 放样扭曲。广义平移标架如图 4-4 所示。

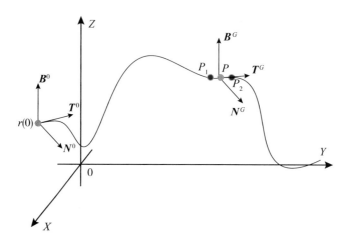

图 4-4　广义平移标架

4.4　多样地下电缆精细化三维造型

4.4.1　符合点云实际情况的连续 B 样条曲线轨迹线

从工井墙壁上选取需要电缆连接的两个管孔节点，采用 Hermit 插值方式获得中间过渡点，对过渡点拟合可以得到 B 样条曲线轨迹线。

p 次 B 样条曲线的定义为式(4-5)：

$$C(u) = \sum_{i=0}^{n} N_{i,p}(u) P_i \tag{4-5}$$

式中，P_i 为控制顶点[67]；$N_{i,p}(u)$ 为定义在非周期节点矢量上的第 i 个 p 次 B 样条基函数。

但是，通过拟合利用插值获得的过渡点所形成的 B 样条曲线是抽象的，不一定符合井内电缆的实际轨迹线。如图 4-5(a)所示，拟合利用插值获得的过渡点所形成的绿色电缆模型，与下方电缆点云的走向并不相符。为建立符合实际的电缆模型，采用在电缆点云上手动选择电缆途径点的方式，对选取的途径点进行拟合，形成符合电缆点云实际走向的 B 样条曲线轨迹线。采用 Sweep 放样生成符合点云实际走向的电缆模型。

以上部分代码如下：

```
gp_Pnt * Pts =new gp_Pnt[PtSize];
TColgp_Array1OfPnt CurvePoles(1, PtSize);
for (size_t i=0; i<PtSize; i++)
```

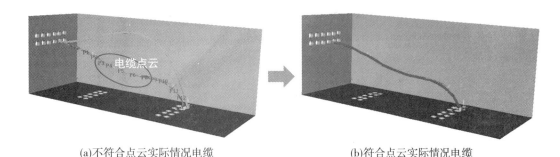

(a)不符合点云实际情况电缆　　　　　　　　(b)符合点云实际情况电缆

图 4-5　符合点云实际情况的电缆

```
{
    CurvePoles.SetValue(i+1, Pts[i]);
}
Handle(Geom_BezierCurve) curve = new Geom_BezierCurve
(CurvePoles);
TopoDS_Edge E = BRepBuilderAPI_MakeEdge(curve);
TopoDS_Wire W = BRepBuilderAPI_MakeWire(E);
//以上为获取光滑轨迹线
gp_Circ c = gp_Circ(gp_Ax2(Pts[0], dir), Radius);
TopoDS_Edge Ec = BRepBuilderAPI_MakeEdge(c);
TopoDS_Wire Wc = BRepBuilderAPI_MakeWire(Ec);
//以上为获取端点被放样圆
TopoDS_Shape S = BRepOffsetAPI_MakePipe(W, Wc);
// 获得放样管线
```

代码中首先构建一维数组 Pts，用来存放缆线轨迹线中的途径点，然后将其转化为 B 样条曲线 curve，再逐步由 TopoDS_Edge 转化至 TopoDS_Wire，获得进行 Sweep 放样的轨迹线。

C 为在 B 样条曲线端点 Pts[0]，以 dir 为法线方向的一个圆环，转化为 TopoDS_Wire 格式的 Wc，通过 Sweep 放样算法 BRepOffsetAPI_MakePipe 得到最终的管线模型。

4.4.2　折线形轨迹线

在一般的 CAD 造型系统中，不能够保证所有轨迹中心线都符合 G2 连续。当轨迹线是具有尖点的折线段或 G1 连续的曲线时，标架不能确定并会在拐点处出现跳跃。采用传统 Frenet 标架的 Sweep 放样方法会出现扭曲或扁平管线(图 4-6)。

针对这种情况，本书采用广义平移标架，并在拐点处两端可定义两个标架，通过插值获取拐点处的活动坐标系，避免标架出现跳跃的情况。由此避免出现扭曲或扁平电缆模

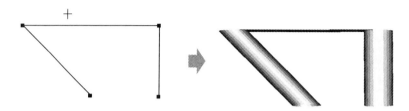

图 4-6　通过折线型轨迹线及 Frenet 标架经 Sweep 放样的电缆

型。为使电缆更加平滑，须对不连续处两段折线进行自相交处理，并在拐点处生成自相交填充模型，自相交填充模型分为直角和圆角两种(图 4-7、图 4-8)。

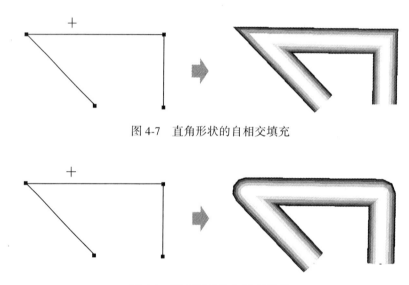

图 4-7　直角形状的自相交填充

图 4-8　圆角形状的自相交填充

上述算法的代码大致如下：

```
TopoDS_Edge Edge1, Edge2, Edge3;
BRepBuilderAPI_MakeWireWire(Edge1, Edge2, Edge3);
//生成折线轨迹线
TopoDS_Wire RadiusWire;
//生成端点被放样圆环
BRepOffsetAPI_MakePipeShell pipe1(Wire);
pipe1.SetMode(Standard_False);
pipe1.Add(RadiusWire, Standard_False, Standard_False);
BRepBuilderAPI_TransitionMode Transition=BRepBuilderAPI_
RightCorner;
//将放样的自相交类型设置为圆角,BRepBuilderAPI_RoundCorner
```

```
//可以将自相交类型改为直角
pipe1.SetTransitionMode(Transition);
pipe1.Build();
TopoDS_Shape p=pipe1.Shape();
```

通过直线拼接获得折线轨迹线 Wire，在折线端点生成被放样圆环 RadiusWire，设置放样模型自相交处填充类型为直角形（BRepBuilderAPI_RoundCorner）或者圆角形（BRepBuilderAPI_RightCorner）。

通过广义平移标架对轨迹线进行放样操作 BRepOffsetAPI_MakePipeShell. build，可以生成折线形缆线。

4.4.3 螺旋线型轨迹线电缆盘余

因为积水淤泥等原因，工井内会存在被掩埋的电缆，称之为电缆盘余。为了对这种管线进行表达，本书选择利用螺旋线型电缆对其进行抽象表示。

比较空间中的螺旋线参数方程为式(4-6)：

$$\begin{cases} x = a\cos(wt) \\ y = a\sin(wt) \\ z = vt \end{cases} \tag{4-6}$$

及圆柱面参数方程为式(4-7)：

$$S(u,\ v) = P + r \cdot (\cos(u) \cdot D_x + \sin(u) \cdot D_y) + v \cdot D_v \tag{4-7}$$

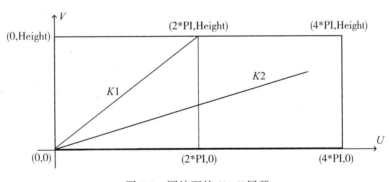

图 4-9　圆柱面的 U、V 展开

可以将螺旋线认为是一条附在展开圆柱面上的直线（图 4-9）。设定圆柱面高度为电缆盘余的绝对距离，通过改变展开平面上直线的斜率以控制盘余的疏密，沿 U 轴以 $1/12\pi$ 为步长在直线上获取螺旋轨迹线的中心点，将其旋转平移至两个管孔节点中间，并与管孔节点相连接，获得完整的螺旋线型轨迹线（图 4-10）。

上述算法的代码大致如下：

```
int slice=12;
float * pts=new float[3 * density * slice];
float perHeight=height /density /slice;
```

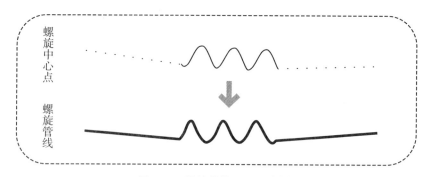

图 4-10　螺旋线的 Sweep 放样

```
for(int i=0;i<slice*density;i++)
{
    float theta=(2*M_PI/slice)*i;
    float x=0.2*cos(theta);
    float y=0.2*sin(theta);
    float z=perHeight*i;
    pts[3*i]=x;
    pts[3*i+1]=y;
    pts[3*i+2]=z;
}//获得螺旋形轨迹线
for(size_t i=0;i<density*slice;i++)
{
    tempAft=transform.transpose()*pts[i];
}
//将其旋转平移至所需要连接的管孔中间
```

通过以上方法可以获得到螺旋形轨迹线,通过 4.4.2 节的放样方法进行放样操作便可以获得螺旋形管线。

4.5　本章小结

针对地下工井网络,本章实现了具有外拓扑关系的三维建模,利用由拓扑重构算法生成的工井壁上的管孔节点构建电缆中心轨迹线,并结合其端点截面,采用广义平移标架的 Sweep 放样方法生成电缆。依靠电缆段端点处的管孔 KID 进行井间管道连接,使各电缆子段具有拓扑邻接关系。经过实验,结论如下:

(1)对于多种管线类型的造型效果优秀,不会出现扁平化或扭曲化的电缆,可以真实还原井内电缆的连通情况,具有实用性。

(2)可满足电缆网络的监控与查询功能。

　　本章采用的管线放样方法仅适用于截面相同的管道电缆，对于截面沿轨迹线变化的隧道，取得的放样效果并不是很好，甚至放样失败。结合多种开源 CAD 算法，实现具有良好鲁棒性的截面形状不规则的隧道模型造型算法将作为进一步的研究目标。

第五章 工井间管线模型连接及外拓扑连接

5.1 管线分类及几何特征

在上述章节中,我们完成了工井三维模型以及井内多种缆线模型的建立。然而,单个的工井所能提供给施工人员以及管理人员的信息数据非常有限,仅能够提供工井建筑的几何信息以及井内电缆的管孔连接情况。在实际应用中,工作人员更加需要知道的信息是井与井之间通过哪些管道连接,面与面之间通过哪些缆线连接,面上的管孔有哪些已经被占用,该孔与另外一个工井所对应的又是哪个孔。

如何向工作人员提供这些需要的信息呢?通过建立井与井之间的管道网络,便可以向系统的使用者提供这些连通的关系。

地下工井电缆网络的总体设计以管孔节点为中心,将管孔作为拓扑连接关系的驱动点进行自动耦合,并匹配其连接电缆的方向。单口工井内部通过管孔节点生成电缆,同时,多口工井之间依靠管孔节点维系电缆网络的拓扑联系。管孔依附于工井墙面,单个工井模型以墙面为单位,由多个面构成工井主体,再叠加井筒等元素,组成地下工井三维模型。多个工井模型之间须通过管孔节点进行管道连接。

管线在几何形态上主要分为两类,一种是同层的工井与工井之间管道连通,这种管线铺设较长,多为两管孔点之间的空管直连(类似于 PVC 管道形状),在管孔中有连接电缆的情况下,管线中需要包含电缆模型(图 5-1)。

另一种则是工井上下层之间的管线连接。这种上、下层井之间的距离非常近,若使用管线进行表达,在美观性上会有欠缺,所以上、下井之间的管线连接采用的是缆线模型(图 5-2)。

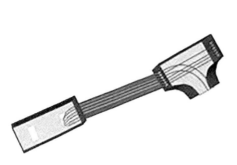

图 5-1 多工井之间管线连接图

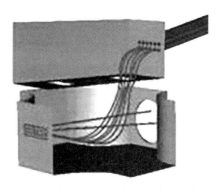

图 5-2 上、下层工井之间缆线连接

建立了同层井之间的管线以及上、下层井之间的管线连接后，多工井的管网便建立起来了，对于当前电缆、管孔、管线等进行查询，可以知道它所连接的工井、墙壁、所属线路等信息。

5.2 工井、电缆及管线拓扑连接

对于实际的生产、应用以及查询监管，单纯生成地下电缆几何模型是缺乏实际意义的。本书提出的地下工井电缆网络精细化数字表达方法在满足三维模型精细化表达的前提下，使电缆段、工井和管线之间具有空间拓扑关系，可满足管理者对电缆网络的查询和管理等需求。

本书提出的地下工井电缆网络构建在整体层次设计上(图5-3)，由高到低依次是：变电站≥电缆线路≥电缆段≥电缆子段(井内、井间、电缆盘余、电缆接头)。单个工井模型内部的管孔节点不仅承担着电缆生成关键点的功能，同时维系着电缆网络之间的拓扑连接关系。

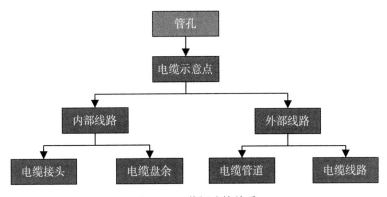

图 5-3　工井间连接关系

若干相邻工井的井内及井间依靠管孔节点生成电缆子段，通过分别自动搜索表5-1中与当前电缆子段首或尾管孔节点相同的相邻电缆子段，并按同样方法迭代搜索，实现多口工井之间整条电缆的连通。该电缆线路所穿过的工井及变电站信息可由所经过的工井模型ModelID搜索表5-2中的MXID实现。

表 5-1 　　　　　　　　　　　　　　　**电缆子段数据结构**

KeyID	ModelID	Type	StartID	EndID	ViaPoint	vTagCable	……
电缆子段 KID	所属模型 KID	电缆子段类别	起始管孔节点	终止管孔节点	电缆途径点	所属管道	……

表 5-2 　　　　　　　　　　　　　　**工井数据结构**

KeyID	GJText	VDYID	MXID	ReferInfos	……
工井 KID	工井名称	点云 ID	模型 ID	辅助信息	……

在地下工井电缆网络中，连接工井的电缆或管道通常包括以下两种情形。

（1）电缆直接穿越当前工井并与其他井相连接。

（2）电缆穿越工井时，在井内产生新的电缆节点，将原电缆分割。

第一种情况中，电缆子段 E1、E2、E3、E4 和 E5 的起止端依次具有相同的电缆节点，将其设置为拓扑邻接关系，并将具有邻接关系的电缆子段合并为整体，形成电缆 L1（图5-4）。

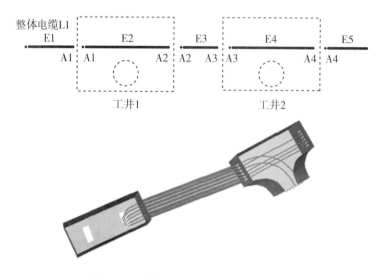

图 5-4　工井间及工井内缆线连接示意

第二种情况中，工井内部电缆会出现新增电缆头的情况。如图 5-5 所示，在电缆子段 E1 中添加电缆头节点 A1，会将 E1 分割为两段电缆。为保证整个电缆网络的拓扑一致性，

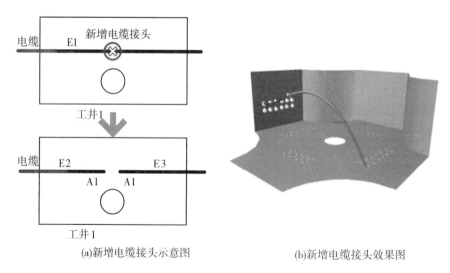

(a)新增电缆接头示意图　　　　　　(b)新增电缆接头效果图

图 5-5　井内添加缆线接头节点

将原有的 E1 删除，取而代之的是两段新增的电缆子段 E2 和 E3，这两段电缆通过电缆头 A1 连接。

5.3 井间管线模型连接及拓扑连接实现

在完成工井的全要素建模后，选取任意一口井内的任意一根电缆进行电缆信息查询。从实验结果样例可以看出，本书提出的地下工井电缆网络建模方法可以良好地满足电缆三维模型的建模需求，同时可以实现对任意电缆信息的查询，获得该电缆的起止工井编号、所穿越的工井、当前电缆段所处工井位置及所接供电站等信息，见图5-6。

图 5-6 缆线拓扑关系查询

5.4 本章小结

对于实际的生产、应用以及查询监管，单纯生成构筑物、缆线、管线等几何模型是缺乏实际意义的。以本书提出的地下管网三维数据模型在满足三维模型精细化表达的前提下，使缆线段、工井和管线之间具有空间拓扑关系，可满足管理者对管线网络的查询和管理等需求。本章以此为基础，对工井间的管线模型分类、工井内缆线与井间的管线连接情况进行了介绍。采用前文中介绍的符合地下管网特色的 CSG-BRep 模型结构，从宏观角度对地下管网系统进行对象化拆分，并依靠管孔节点完成电缆网络之间的连通。采用前文所设计的空间数据模型，可以更为精细地得到地下管网中对象与对象之间的拓扑连接关系。

同时，为了更加细致地说明管孔节点、电缆段节点、电缆管道节点、电缆盘余节点、电缆头节点、工井节点之间的连接及属性关系，将在本书的附录中展示了这几个节点在数据库中表的设计结构，方便读者参考。

第六章　模型三角剖分

6.1　模型显示原理

三维引擎系统由渲染类库、场景相机、着色器开发和输入子系统 4 个子模块协调完成。其中，输入子系统主要向引擎系统传递引擎数据模型内的数据，渲染类库在应用程序层面对多源空间数据的可视化进行配置，包括设备、资源的创建以及渲染模块的进行，场景相机主要完成由局部空间向投影空间的转换，获取三大变换矩阵，同时接收界面传递的消息，实时获取旋转、平移、缩放矩阵，传入 GPU 内，实现实时交互。GPU 的可编程部分，主要对着色器进行可编程开发，其中包括顶点着色器的坐标转换，光照计算，将图元在硬件层次细分以及几何着色器的图元扩展，最后经过光栅化对像素进行着色，并利用 Direct3D 的计算着色器，充分利用 GPU 的硬件优势，进行大规模的计算。

三维引擎的设计既要满足多源空间数据特点，又要兼顾系统设计的标准和原则。考虑多源空间数据的复杂性特点和交互可视化的实时性，从以下 5 个方面对三维引擎的特性进行设计。

1. 健壮的三维引擎框架

由于应用程序直接在底层框架下开发，所以框架的健壮性是整个三维引擎强大的生命力之所在。健壮的框架有利于进行二次开发，根据用户的需求进行扩展，只有具备可扩展和二次开发的框架才能保证三维引擎不断适应当前发展的潮流。将渲染和算法模型以模块式进行封装，对渲染系统、算法、数据模型等各模块设置先进的对外接口，以满足二次开发的需求，便于三维引擎新特性的增加。

2. 先进的三维图形库

三维图形库封装最底层的三维图形学算法，是三维图形渲染引擎的开发的重要组成部分。利用三维图形库可快速实现三维引擎的搭建和渲染模块的开发，节省大量的底层算法开发的时间，稳定性更强。

3. 高效的三维渲染系统

三维引擎不仅要追求渲染的真实性，更需注重渲染效率和高级特效，采用可编程渲染管线，实现在硬件层次加速渲染。采用 GPU 可编程渲染管线，充分发挥硬件的并行加速能力，提供灵活的 GPU 编程实现案例，使开发者便捷地进行二次开发。

4. 强大的资源管理

随着三维技术的发展，对资源的管理重要性逐渐凸显出来，三维的处理表达也可以理解为对资源的转换、传送与设备的加工控制过程。三维处理过程中的各种数据、数据存储区、处理数据的各种功能设备部件，都可以是三维处理的资源，对各种资源的管理是三维引擎开发的重要基础。

5. 灵活的三维交互

多源空间数据的处理工作，大都由鼠标、键盘对系统协同完成，必须开发高效、灵活的三维交互算法。进行数据浏览与查询，其最重要的部分就是实现人机交互，三维场景的交互技术，相当于用户控制系统显示的过程，通过交互增加三维引擎的友好性、可操作性和自主性(图 6-1)。

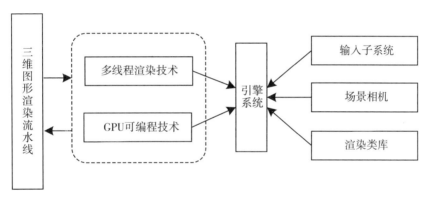

图 6-1　三维交互

本书的三维模型可视化技术采用的是基于 GPU 的图形渲染技术。近几年，随着 GPU 的发展速度和执行浮点运算的能力远远超过 CPU，GPU 由于自身结构优势所带来的强大并行计算能力和图形渲染能力是 CPU 无法比拟的。

新一代图形管道流水线负责接收 CPU 传输的资源数据[68-71]，进行软硬件的数据通信，使三维图形在界面实时高效显示(图 6-2)。随着三维图形开发技术的不断发展，对图形管道流水线技术也日益改进，直接促进了 GPU 硬件技术的发展，从而使 GPU 的可编程能力越来越强。新一代可编程渲染管线使得开发者可以按照用户的需求，进行定制性开发，编写效果更加炫丽、性能更加优良、表达更加智能的三维图形应用程序，在并行计算方面利用计算着色器可以实现大规模的通用计算，实现了大规模计算在硬件层次运行，大大减轻了应用程序的负担。

在大量的地下工程建筑设施中，如不规则管线、曲面墙壁、管线接头、螺旋形管线等空间几何体，这些空间几何体的渲染通常采用三角化的方法，然后通过绘制三角面片逼近三维模型几何体表面。通过三角面片逼近曲面模型的绘制方法存在一些弊端：进行三角剖

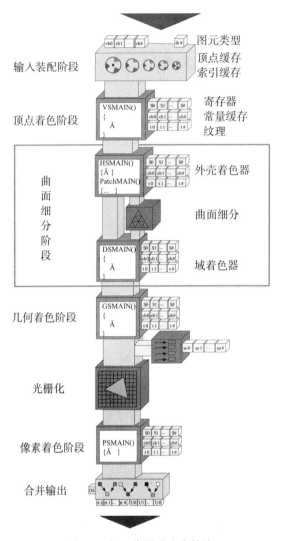

图 6-2　新一代图形流水管线

分，需要计算三角面片的顶点和法向坐标，同时需要开辟内存存储每个面片坐标值，给计算机 CPU 和内存带来巨大负担。

　　针对这个问题，可以通过 Direct3D 11 新添加的曲面细分技术来解决。如图 6-3 所示，本书采用的曲面细分技术的示意图，将一个立方体（长方体）通过曲面细分技术细分成球面或圆柱面，内存中只需要存储立方体（长方体）的 4 个顶点，且整个细分过程在 GPU 上进行，不仅提高了渲染的速度和质量，同时也减轻了计算机 CPU 和内存的工作。

　　图 6-3 所示的曲面细分技术的示意图，将立方体曲面细分，形成球和圆柱，具体流程如下：

　　（1）一个立方体由 6 个面构成，将每个面的正方形绘制分为两个三角形，共 12 个三角形，36 个顶点，创建顶点缓存（vertex buffer），将顶点数据绑定到渲染管线。

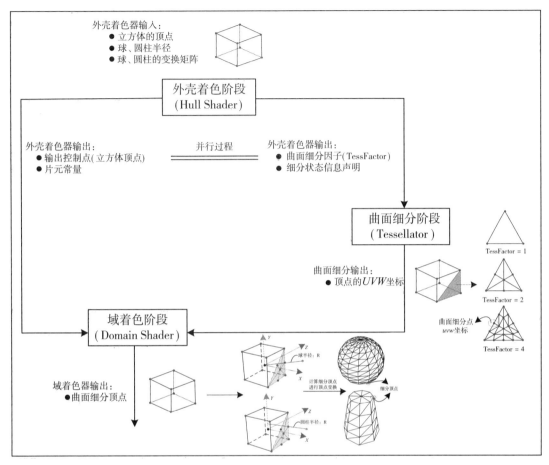

图 6-3　曲面细分技术

（2）立方体进行曲面细分形成球时，立方体的中心为坐标原点，细分形成的球，球心为坐标原点。立方体进行曲面细分形成圆柱面时，以底面正方形中心为坐标原点，底面正方形中心与顶部正方形中心连线为 Y 轴正方向，也是细分形成的圆柱的轴线。在细分过程中需要球和圆柱的半径参数，细分完成后需要将细分形成的球、圆柱移动到目标位置，缩放、旋转形成目标球和圆柱，因此需要根据球、圆柱的半径和变换矩阵创建实例化缓存（instanced buffer），将半径和变换矩阵数据绑定到渲染管线上。

（3）曲面细分共有 3 个阶段：外壳着色器阶段，曲面细分阶段，域着色器阶段[72]。在外壳着色阶段，一方面将输入的顶点和自定义的片元常量数据（包含曲面细分因子、球和圆柱的半径、球和圆柱的变换矩阵）输出给域着色器；另一方面，将自定义的曲面细分属性（包括曲面细分因子、域属性、划分属性、拓扑属性等细分状态信息）传递给曲面细分阶段。曲面细分阶段是一个固定渲染阶段。曲面细分阶段根据外壳着色器设置的细分状态信息和细分因子，将构成立方体的 12 个三角形，每个三角形划分成更多、更小的三角形，曲面细分器输出每个细分的三角形顶点的 uvw 坐标，供域着色器使用。这里的细分是基于立方体的一个面的四边形，根据细分因子按 UV 方向进行双线性插值计算，如图 6-3 所示的四边形的 4 个顶点 $Q_0 \sim Q_3$（用向量表示）细分成了 16 个点，其插值点 $P(u, v)$ 计算公式如下：

$$\begin{cases} v_1 = [Q_0 \quad Q_1] \, [1-v \quad v]^{\mathrm{T}} \\ v_2 = [Q_1 \quad Q_3] \, [1-v \quad v]^{\mathrm{T}} \\ P(u, v) = [v_1 \quad v_2] \, [1-u \quad u]^{\mathrm{T}} \end{cases} \tag{6-1}$$

（4）在域着色器中，根据外壳着色器输出的控制点和曲面细分器输出的 uvw 坐标，进行插值计算，求得细分顶点的坐标。在立方体细分成球的域着色器中，需要对每个细分顶点进行变换，使得顶点距离原点的距离为球的半径 R，坐标原点指向顶点为每个顶点法线方向；在立方体细分成圆柱的过程中，对每个细分顶点进行变换，使得顶点距离轴线（Y 轴）的距离为圆柱半径 R，顶点垂直轴线方向为每个顶点法线方向。按公式(6-2)，计算完成球、圆柱的顶点坐标和法线后，进行旋转、平移、缩放矩阵变换，形成目标球和圆柱。通过细分形成球、圆柱等空间几何体，然后由这些空间几何体组成建筑构件，从而提高建筑构件渲染质量和效率。

$$\begin{aligned} N_p &= \frac{p}{\| p \|} \\ v &= N_p \cdot R \\ P_v &= v \cdot T_{\text{World\_View\_Proj}} \end{aligned} \tag{6-2}$$

式中，N_p 表示公式(4-10)中单位向量，$T_{\text{World\_View\_Proj}}$ 是从世界坐标到相机坐标系，再到投影空间的总的变换矩阵，P_v 即为曲面细分后经投影变换后的坐标。

6.2　Delaunay 三角剖分

6.2.1　三角剖分

地下工程设施建模的三维模型包含了大量的不规则几何形体，比如采用 Sweep 放样方法生成的不规则管线，为了将其在渲染系统中进行显示，就先需要对建造好的模型进行三角剖分。

三角剖分是模型剖分中的一个重要课题，在数字图像处理、计算机三维曲面造型、有限元计算、逆向工程等领域有着广泛应用。由于三角形是平面域中的单纯形，与其他平面图形相比，其有描述方便、处理简单等特性，很适合于对复杂区域进行简化处理。因此，无论在计算几何、计算机图形处理、模式识别、曲面逼近，还是有限元网格生成方面都有广泛的应用。

虽然曲线、曲面等有精确的方程表示，但是在计算机中，只能用离散的方式逼近。例如，曲线可用直线段逼近，而曲面可用多边形或三角形表示。用多边形网格表示曲面是设计中经常使用的形式，可以根据应用要求选择网格的密度。利用三角形面片表示的曲面，在计算机图形学中也称为三角形网格。用三角形网格表示曲面需要解决几个问题：三角形的产生、描述、遍历、简化和压缩等，这些问题都是计算几何研究的范畴，相关问题都可以从中找到答案。

6.2.2　Delaunay 三角剖分

本书主要对三维的 Delaunay 三角剖分[73]进行介绍。

1978 年，Sibson 证明了在二维的情况下，在点集的所有三角剖分中，Delaunay 三角剖分使得生成的三角形的最小角达到最大(max-min angle)。因为这一特性，对于给定点集的 Delaunay 三角剖分总是尽可能避免"瘦长"三角形，自动向等边三角形逼近。

说到 Delaunay 三角剖分，我们需要先介绍一下 Delaunay 边。假设边的集合 E 中的一条边(两端点 a，b)，e 满足下列条件，则称为 Delaunay 边：

(1)存在一个圆经过 a，b 两点；

(2)圆内不包含点集 V 中的任何的点。

以上这一特点又称为空圆特性，如图 6-4 所示。

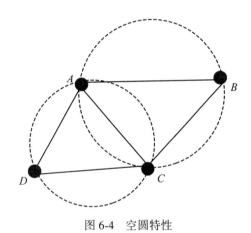

图 6-4　空圆特性

除了空圆特性外，Delaunay 三角剖分还需要满足最大化最小角特征，在散点集可能形成的三角剖分中，Delaunay 三角剖分所形成的三角形的最小角最大。从这个意义上讲，Delaunay 三角网是"最接近于规则化"的三角网，具体是指在两个相邻的三角形构成凸四边形的对角线，在相互交换后，6 个内角的最小角不再增大，如图 6-5 所示。

Delaunay 剖分[74]具备以下的优异特性：

(1)最接近：以最近的三点形成三角形，且各线段(三角形的边)皆不相交。

(2)唯一性：不论从区域何处开始构建，最终都将得到一致的结果。

(3)最优性：任意两个相邻三角形形成的凸四边形的对角线如果可以互换，那么两个三角形 6 个内角中最小的角度不会变大。

(4)最规则：如果将三角网中的每个三角形的最小角进行升序排列，则 Delaunay 三角网的排列得到的数值最大。

(5)区域性：新增、删除、移动某一个顶点时只会影响临近的三角形。

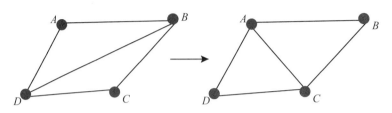

图 6-5　最大化最小角特征

（6）具有凸多边形的外壳：三角网最外层的边界形成一个凸多边形的外壳。

经典的 Delaunay 三角剖分算法主要有两类：Bowyer/Watson 算法和局部变换法。Bowyer/Watson 算法又称为 Delaunay 空洞算法或加点法，以 Bowyer 和 Watson 算法为代表。从一个三角形开始，每次加一个点，保证每一步得到的当前三角形是局部优化的。以英国 Bath 大学数学分校 Bowyer、Green、Sibson 为代表的计算 Dirichlet 图的方法属于加点法，是较早成名的算法之一；以澳大利亚悉尼大学地学系 Watson 为代表的空外接球法也属于加点法。加点法算法简明，是目前应用最多的算法，该方法利用了 Delaunay 空洞性质。Bowyer/Watson 算法的优点是与空间的维数无关，并且算法在实现上比局部变换算法简单。该算法在新点加入到 Delaunay 网格时，部分外接球包含新点的三角形单元不再符合 Delaunay 属性，则这些三角形单元被删除，形成 Delaunay 空洞，然后算法将新点与组成空洞的每一个顶点相连，生成一个新边，根据空球属性可以证明这些新边都是局部 Delaunay 的，因此新生成的三角网格仍是 Delaunay 的。

图 6-6 展示了在一个三角网中的三角形 ABD 中，如何采用 Bowyer/Watson 算法插入新的一点 P 的过程。

局部变换法又称为换边、换面法。当利用局部变换法实现增量式点集的 Delaunay 三角剖分时，首先定位新加入点所在的三角形，然后在网格中加入 3 个新的连接该三角形顶点与新顶点的边，若该新点位于某条边上，则该边被删除，4 条连接该新点的边被加入。最后，再通过换边方法对该新点的局部区域内的边进行检测和变换，重新维护网格的 Delaunay 性质。局部变换法的另一个优点是可以对已存在的三角网格进行优化，使其变换成为 Delaunay 三角网格。该方法的缺点则是当算法扩展到高维空间时，变得较为复杂。

该部分的核心代码如下：

```
BRepMesh_IncrementalMesh(Face, 0.1);
TopLoc_Location L;
Handle(Poly_Triangulation) facing = BRep_Tool:: Triangulation
(Face, L);
TColgp_Array1OfPnt tab(1,(facing->NbNodes()));
tab = facing->Nodes();
int PointCount = tab.Length();
int TriCount = facing->NbTriangles();
```

通过 **BRepMesh_IncrementalMesh** 将当前面 Face 进行三角剖分，然后通过 NbNodes（）

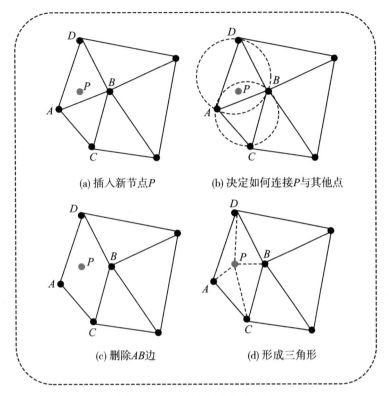

(a) 插入新节点P   (b) 决定如何连接P与其他点

(c) 删除AB边   (d) 形成三角形

图 6-6   三角网内插入新的一点

方法获得此面包含点的个数，NbTriangles( )获得此面被剖分得到的三角形个数。

同时，我们可以看一下 BRepMesh_IncrementalMesh 这个 Delaunay 三角剖分函数的另一个构造函数：

```
BRepMesh_IncrementalMesh(
    const TopoDS_Shape&     theShape,
    const Standard_Real     theLinDeflection,
    const Standard_Boolean isRelative=Standard_False,
    const Standard_Real     theAngDeflection=0.5,
    const Standard_Boolean isInParallel=Standard_False,
    const Standard_Boolean adaptiveMin=Standard_False);
```

其中，theAngDeflection 参数可以控制曲面细分的精细程度，越小分得的三角面片数则越细密。

6.3   CSG-BRep 拓扑模型查询分析

对于单个面进行三角化在上述小节中已经介绍，但是整体模型是由多个面组成的，对整体的三维模型进行 Delaunay 三角剖分，我们需要先遍历查询到三维模型中所有包含的面模型。

空间分析是地理信息系统中一个十分重要的环节。目前，很多商业软件中都加入了空间分析的功能。最典型的包括目前应用最为广泛的 MapGIS 软件、ArcGIS 软件。这些软件对二维对象的分析能力已经逐步成熟，但是对三维对象的分析能力还显得能力有限。因为分析与查询是拓扑学中一个不可或缺的环节，尤其对三维空间目标而言。

本节主要对上述问题进行回答，阐述了基于 CSG-BRep 拓扑模型对三维空间目标实现查询与分析的算法。对 CSG-BRep 混合拓扑模型内部及模型之间进行完备的定义之后，就已经达到了利用该结构表达空间复杂实体的目的。但是，单纯地把空间复杂实体以某一拓扑模型描述出来还是远远不够的，这并不能实现对精细三维模型的有效管理。这也是当前拓扑学中三维拓扑研究的短板。目前的管理仅仅拘泥于传统的二维空间信息表达，并没有达到三维空间信息的真实表达，这同样是当前学术界对拓扑模型研究的瓶颈。为了进一步在拓扑模型的基础上实现对复杂空间实体的查询和分析，本书提出了特定的算法，该算法是以 CSG-BRep 混合拓扑模型为基础，目的是实现 CSG-BRep 拓扑形状对于与其相连接的上下形状的访问。站在子级元素和父级元素两个角度上，分别采用两种不同的方法，既可以统计某一层级拓扑元素的个数，也可以查询某一层级的拓扑元素与其他层级拓扑元素的连接关系，以此来实现对拓扑模型查询和分析的功能。

6.3.1　查询子级拓扑元素算法

因为任意一个拓扑对象 shape 中直接包含了变量拓扑子级 CSG_Subshape，而 CSG_Subshape 中包含了一个 shape 的列表，该列表中存放的是拓扑对象子级的集合，并且这些拓扑子级对象都是有序排列和存放的。所以，直接从该集合中循环遍历所需要查找的拓扑类型即可。但问题是，如果一个拓扑元素被多次引用，那么可能会遍历该元素多次。比如，正方体中的一个顶点通常被两条边共享，一条边通常被两个面共享，一个面通常被两个体共享。要保证在查询过程中只对一个被共享的拓扑元素访问一次，那么必须将这些拓扑元素都放到一个自定义的映射 MAP 中。该映射的作用是实现一对一的组合。判断 MAP 中有无相同结构的关键是 2.2.3 小节中提到的拓扑位置和拓扑方向是否都相同，即待存入 MAP 中的拓扑元素和 MAP 中已有的拓扑元素是否满足重合关系，以此来避免拓扑冗余的现象发生。该过程的流程如图 6-7 所示。

具体的核心实现算法如下：

输入：BRep 结构的空间实体。

输出：拓扑元素数量信息及连接关系。

步骤 1：定义一个映射 MAP，该映射用于保证形体共享子级拓扑元素的唯一性。

步骤 2：循环遍历一个形体 S 中的子级拓扑元素。

步骤 3：将循环查找到的子级拓扑元素按顺序依次存放到自定义的映射 MAP 中。

步骤 4：从映射 MAP 中查找并统计拓扑元素的数量。

该算法的核心实现代码如下：

```
void MapCsgChildShape(const CSG_Shape& S,
    const CSG_ShapeEnum T,
```

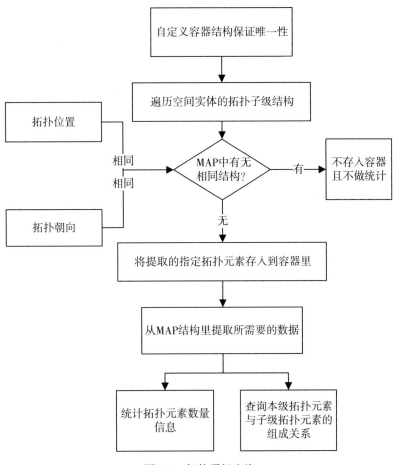

图 6-7　拓扑子级查询

```
        CSG_MapOfCsgShape& M)
{
        CsgExp_Explorer Ex(S,T);
        while(Ex.More()){
            M.Add(Ex.Current());
            Ex.Next();
        }
}
```

　　其中，S 是要被遍历的形体，T 为要被访问的子级形体，M 为自定义的一个映射。利用该算法可以访问任意一个拓扑对象的子对象。比如，可以查找面中的边，面中的顶点，边中的顶点等。与此同时，还能够从映射 MAP 中统计子级拓扑元素的个数。

6.3.2 查询父级拓扑元素算法

由于本书所设计的 CSG-BRep 拓扑模型中，都是从上级拓扑元素向下级拓扑元素（如从 CSG_Shell 或 CSG_Solid 到 CSG_Vertex）的引用，因此并不能像访问子级拓扑结构那样直接采用从拓扑子级变量中查找遍历的方法。从子级元素来直接访问该子级的父级元素的方法不适用于这种情况，所以本书提出另外一种算法来解决该问题。实现该算法的流程如图 6-8 所示。

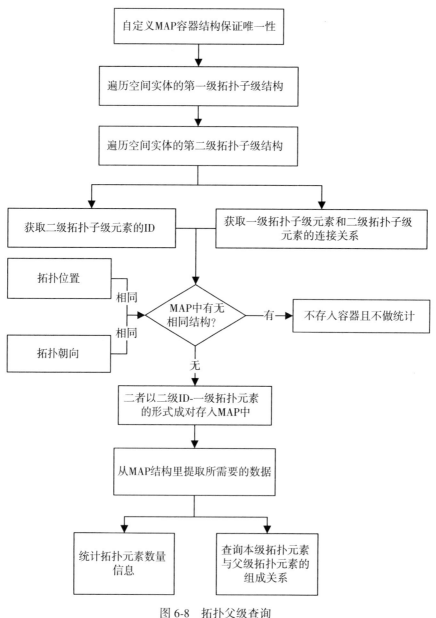

图 6-8 拓扑父级查询

以一个正方形为例，该正方形包含四个顶点和四条边，如图 6-9 所示，为了查找与位于正方形的一个顶点相连接的两条边，需要按照以下步骤来实现：

输入：BRep 结构的空间实体。

输出：拓扑元素数量信息及连接关系。

步骤 1：遍历该正方形，从该正方形中找到位于该正方形上的所有边结构。

步骤 2：在查找到的边结构中继续遍历位于该边上的顶点。

步骤 3：将第二步中查找到的顶点赋值一个编码，改编码为该顶点的唯一标识。

步骤 4：将第三步中顶点的标识和该顶点所在的边（步骤 2 中查找到的边结构）按照 key-value 的形式放入到 MAP 中。

步骤 5：从 MAP 中提取出与顶点相连接的两条边结构即可。

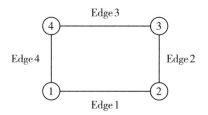

图 6-9 查询顶点相连的边

该算法的核心实现代码如下：

```
void MapCsgFatherShape (
    const CSG_Shape& S,
    const CSG_ShapeEnum TS,
    const CSG_ShapeEnum TA,
    CSG_MapOfCsgShape & M)
{
    CsgExp_Explorer exa(S, TA);
    while (exa.More()) {
        const CSG_Shape& anc = exa.Current();
        CsgExp_Explorer exs(anc, TS);
        while (exs.More()) {
            int index=M.FindIndex(exs.Current());
            M(index).Add(anc);
            exs.Next();
        }
        exa.Next();
    }
}
```

其中，S 是被遍历的形体，TS 若为顶点，则 TA 就是与该顶点所连接的边结构。

利用该算法，可以巧妙地解决拓扑元素多次引用后造成数据冗余问题，最后处理正方形的结果如表 6-1 所示，其中，leftEdge 到 rightEdge 为边的逆时针前进方向，vertexID 是顶点的唯一标识。

表 6-1　　　　　　　　　　　　　　　正方形内元素的相邻关系

vertexID	1	2	3	4
leftEdge	Edge4	Edge1	Edge2	Edge3
rightEdge	Edge1	Edge2	Edge3	Edge4

以上提出的两种算法对三维空间中拓扑关系的查询和分析是十分有意义的。并且对目前兴起的智慧城市的构建也具有至关重要的作用。建筑物往往是由不同的构件组成的，各个构件之间也往往存在某些相互连接的情况，而每一种相同结构的构件也可能有若干个，有时候需要统计一个建筑物某一种构件的数量信息。运用基于 CSG-BRep 模型的拓扑元素查询算法，可以方便地统计出建筑物中不同构件的连接关系以及建筑物中某一种构件的数量。这对于地下工程建筑逆向重建以及数字化存储都起着举足轻重的作用。

第七章 系统实践与应用

7.1 概述

随着城镇化进程的加速，城市地下管线成为了城市赖以生存的生命线，尤其是地下电缆管线承担着城市的供电、供网等艰巨任务，是发挥城市功能和确保城市快速协调发展的重要基础设施。作为城市基础设施的地下电缆管网系统，主要埋藏于地下不可见的部分，根据施工资料等数据可以大致了解其位置信息，所属关系信息。但是，由于地下环境复杂，各类管线纵横交错，空间信息不可见，这些信息难以在施工资料等数据中体现出来。地下管网具有规模大、范围广、管线种类繁多、空间分布复杂、变化大、增长速度快、形成时间长等特点，触及城市的各个角落，与人民的生活息息相关。

随着经济的发展，构成了错综复杂的地下电缆系统，管理这庞大的地下电缆系统十分困难。地下电缆的安全运行是现代城市高效率、高质量运转的保证，在城市规划、设计、施工和管理中，因为不能掌握完整准确的地下管线信息和传统管理方式的低效，造成损坏地下电缆，从而导致停电、通讯中断等事故和重大损失的实例时有发生，而且存在着安全隐患甚至造成安全事故。由于历史和现实的原因，我国的城市地下电缆管理制约了城市的发展，并滞后于国际同行业水平。其混乱无序的状况，严重制约了我国城市的建设和国民经济的发展，采用新的技术和方法高效管理地下电缆管线，已经成为当前城市发展的当务之急。如何建立科学的地下电缆建模可视化以及管理系统，准确、快速地查询、维护地下电缆的技术信息，为科学城镇化、紧急事故解决方案提供支撑，成为了一个重要问题。

传统的二维数据管理模式很难直观地反映地下电缆之间的空间位置关系，在交错复杂的条件下，三维建模的方式能够很好地满足我们对于城市的管理维护，满足城市发展的规划与决策以及快速处理紧急事故的要求。近年来，三维激光雷达扫描技术以其空间测量的速度和精度优势被广泛应用在工程实践中，使利用三维点云采集数据进行拓扑建模成为可能。在现实世界中，电缆本身就是以三维的形式存在的，因此采用三维点云数据模型进行地下电缆管理成为了必然趋势。

基于以上原因，集成一些本书作者在三维领域的研究成果和自由的核心技术，研发了一套全新的地下管线数据资源管理信息系统(以下简称"地下管线系统")。地下管线系统利用点云数据作为数据源，进行一系列的数据处理、建模以及模型连接添加语义等操作，使得可以真正实现管理与查询地下电缆网络的每一根管线。

本章概括性地介绍地下管线系统这一软件的设计思路与实现路线，供有此方面软件搭建需求的研究者参考。

7.2 系统功能设计

地下管线系统功能设计主要分为 3 个部分，分别是数据图层化管理、三维模型构建以及场景交互。根据地下电缆空间数据的特点，本系统利用高精度原始三维激光点云构建拓扑一致性、精细的三维模型，通过三维可视化引擎实现多种数据场景交互，并对原始数据以及成果数据进行结构化、层级化管理，大大提高了软件的实用性。

7.2.1 数据图层化管理

数据图层化管理功能模块以数据分层管理为主，所有数据实时入库更新。

在地下管线系统中，为保护数据的安全性设置了不同的管理者权限。通过最高权限 Root 用户可以为不同的项目管理者设置不同的图层管理权限，并且项目管理者可以以实际情况为基础对用户进行操作管理及任务分配。

在此基础上，每位数据操作人员的成果数据可以分层管理，针对地下电缆包含变电站、环网柜、杆塔、变压器、电缆接头等种类复杂繁多的设备类别，根据变电站、电缆线路、工井、电缆段等电力设备的层级与连接关系，研究工井点云、工井模型、电缆线路以及其他设备的数据组织与管理方式，实现地下电缆全要素数据的一体化管理(图 7-1)。

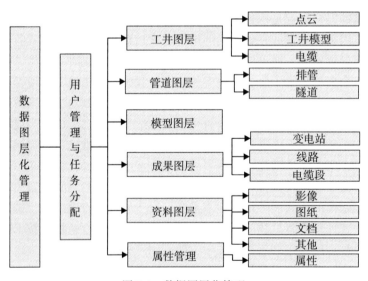

图 7-1　数据图层化管理

本系统所需数据为外业测量三维点云数据，格式可为 PTX，PTS，LAS，XYZ 等，对于要求点云生成较好质量的图像信息的，本系统以 PTX 为主。对于原始扫描的点云数据，本系统可根据其测定井盖中心，或双天线坐标进行坐标配准。对于北京地方坐标系、西安 80 坐标系、CGCS2000 坐标系等系统可实现相应的坐标转换。对于生成的工井模型数据，通过数据层级化管理实现数据的统一管理，具体节点管理如图 7-2 所示。

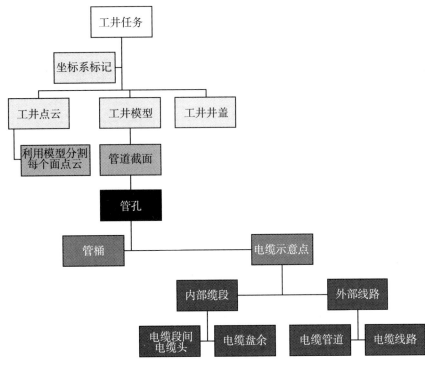

图 7-2　系统节点管理

7.2.2　三维建模

三维建模功能模块主要功能是对地下建筑进行三维建模，具体的实现步骤在前面几个章节中已作详细介绍。这一部分功能是地下管线系统的主要功能，实现了工井模型、电缆模型的构建以及实现工井模型之间管道连接。三维建模的过程大致分为点云数据预处理，贴合点云数据的精细简易模型建模，简易模型利用拓扑运算的三角网剪裁，地下电缆数据的拟合及自动生成，单口工井内部以及多口工井模型之间的拓扑连接等(图 7-3)。

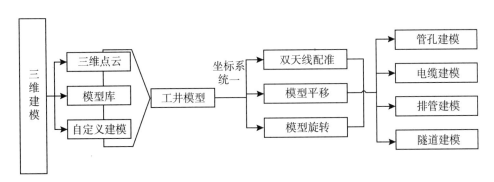

图 7-3　三维建模

7.2.3　场景交互

　　场景交互功能模块作为本系统核心模块实现了包括点云、模型、影像等多种数据的三维可视化，本项目提出了一种 GPU 加速的三维可视化技术，充分利用 GPU 的硬件优势和强大的图形渲染能力，通过在新一代图形流水线上编程，实现了多源空间数据的快速可视化(图 7-4)。采用层次细节模型和多线程渲染技术，在有限的内存资源下，实现了亿级规模的点云流畅绘制。

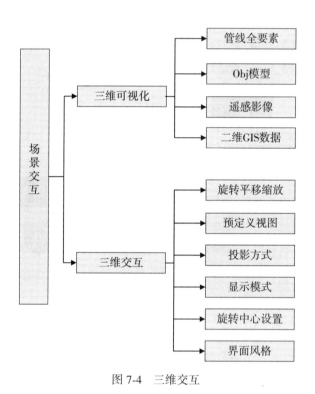

图 7-4　三维交互

7.2.4　开发环境与工具

　　地下管线系统采用面向对象的方法和软件工程思想对引擎的系统架构进行了设计，并采用业务逻辑、数据、界面显示分离的方法对代码进行组织，实现引擎的模块化开发。对于引擎的内部模块进行清晰的概念设计，对模块内复杂的算法进行高度封装，形成较高的内聚性。每个模块负责不同的业务和功能，模块相互独立、分工明确，每个模块根据负责的业务提供了不同的功能接口，模块之间依靠接口进行通信，从而降低了模块之间的耦合度。

　　进行维护时，不用花费大量时间去修改其他与之相关的类与模块，不再考虑模块细节，使开发者转向抽象层，从整体上把握系统的结构和功能，极大降低了应用系统的开发设计难度，形成高内聚、低耦合、可扩展的系统框架。

地下管线系统以 VC++为开发语言，采用面向对象的方法和软件工程思想进行架构设计，以业务逻辑、数据、界面相分离的方法对软件进行模块化开发，通过建立多源空间数据模型，实现了地下电缆全要素空间数据的一体化管理、三维可视化与自动化建模。

以 DirectX 作为引擎的三维底层图形库，并依次划分为数据库引擎、渲染引擎、模型拓扑、三维建模、基础类库等多个核心模块，每个模块负责不同的业务和功能，模块内高度封装，模块间相互独立，利用消息进行通信，实现了高内聚、低耦合的系统集成。

7.3 功能模块与界面

地下管线系统以 CLR 框架作为基础框架平台，采用 MySQL 数据库进行数据管理，由 C/C++语言编写，界面设计采用的是 Ribbon 风格，使用 Direct3D 进行三维渲染，整体界面如图 7-5 所示。

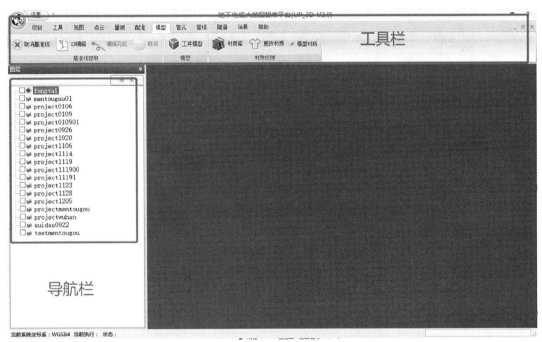

图 7-5　系统界面设计

项目菜单：实现项目建立、用户管理、用户分配等功能(图 7-6)。

图 7-6　项目菜单

视图菜单：实现视图转换旋转中心选取、背景选择、场景截图等功能(图7-7)。

图7-7　视图菜单

点云菜单：实现点云选择删除、点云抽稀、点云维护等功能(图7-8)。

图7-8　点云菜单

量测菜单：实现点云或模型的量测等功能(图7-9)。

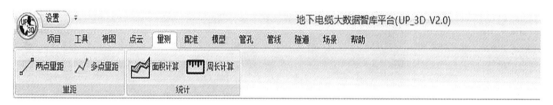

图7-9　量测菜单

配准菜单：实现不同的数据配准，设置导入坐标系，进行下层井配准等(图7-10)。

图7-10　配准菜单

模型菜单：实现不同模型、隧道的构建(图7-11)。

图 7-11　模型菜单

管孔菜单：实现管孔中心选取、挖孔、九宫格、方形孔的构建(图 7-12)。

图 7-12　管孔菜单

管线菜单：实现电缆、电缆接头、井间排管等的建立(图 7-13)。

图 7-13　管线菜单

场景菜单：实现场景显示、底图构建、矢量数据导入等功能(图 7-14)。

图 7-14　场景菜单

7.4　实验结果

　　三维建模中工井部分的建模主要体现在模型以及管孔菜单中，建模的效果如图 7-15 所示。图中展示了多曲面工井整体建模效果，包括工井内部的电缆连接。图中左侧为单体工井模型的层次结构，分为工井模型以及电缆模型两大部分，其中 Part1 工井模型节点下是以面为单位的子节点，具有孔洞模型的面节点下会增加以管孔为单位的子节点(即 Part1 中被圈起部分)；而 Part2 电缆节点下是由面上管孔作为连接点生成的电缆模型，选中某电缆节点，会在界面中进行高亮显示，同时右侧 Part3 会显示该电缆模型的属性信息。

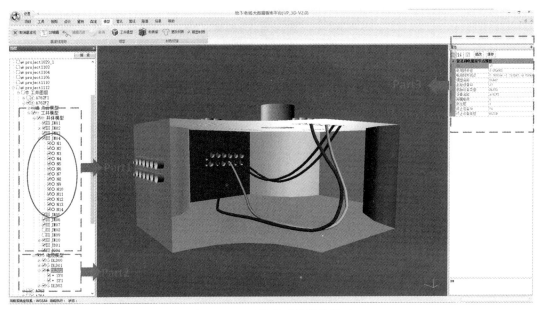

图 7-15　地下管线系统软件界面

　　地下管线系统中的三维建模模块能够很好地应用于带有孔洞的建筑点云模型，可以避免点云残缺所带来的墙壁表现不完整，并且能够完整地建立出墙面的管孔模型，提供能满足后续进行井内电缆连接的管孔拓扑结构，能够很好地满足实际生产以及快速三维可视化操作浏览的需要。如图 7-16 所示，展示了通过本算法进行建模的工井模型（部分）以及通过管孔进行连接的电缆模型。由模型与实际点云中建模效果可知，三维建模模块能很好地满足实际生产的需要。除工井之外，本书算法对规则直通点云数据，如规则平面的房屋、建筑等也有很强适用性。

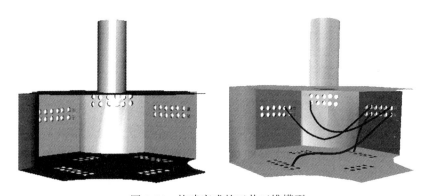

图 7-16　构建完成的工井三维模型

　　同时，为了验证三维建模模块中算法对于具有孔洞的地下工井点云数据的建模可行性及优选性，通过多种建模方法对 3 种不同类型的墙壁数据，包括曲面点云数据［图 7-17

（a）]、矩形面点云数据[图7-17（b）]以及不规则平面点云数据[图7-17（c）]进行建模，对模型结果进行比较。

采用对比的方法，有CGAL库中三维狄洛尼三角网的曲面重建方法、常用点云建模软件Geomagic中的隐式曲面建模以及三维CAD开源库Open CASCADE。CGAL中三维狄洛尼三角网的曲面重建方法能够重建地形扫描、建筑物扫描和精细化扫描的点云模型；Geomagic采用的是Wrapping表面重建算法，是一种隐式曲面算法，基于Morse理论对狄洛尼三角形复杂度的定义，对单形聚类进行溃减操作；Open CASCADE是一个提供三维曲面造型和实体建模、CAD数据交换及可视化的软件开发平台，可用于开发CAD、CAM及CAE相关的软件。

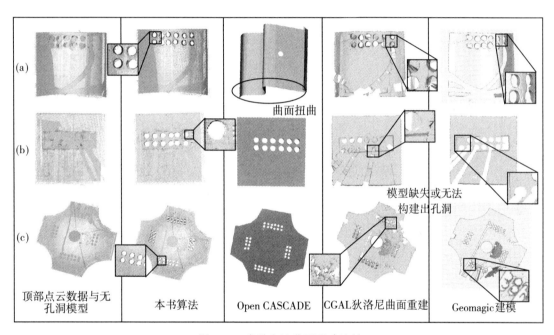

图7-17　多种方法曲面重建比较

定性分析中，从图7-17的实验结果样例可以看出，对于同一种数据，采用Geomagic以及狄洛尼曲面重建，模型均具有不完整性，墙面中缺失点云的部分在建模时会出现破损，无法还原出整体墙壁；墙面孔洞无法进行区分建模，会出现孔洞无法识别等情况；并且采用Geomagic以及CGAL狄洛尼曲面重建进行建模得到的墙壁，所具有的孔洞缺少三维空间中的"管孔"的实际含义，并且缺少与墙面之间的拓扑关系，无法承担井内电缆连接示意点的责任；采用Open CASCADE的三维建模算法进行建模时，在矩形平面墙壁与多边形平面墙壁有较好的效果，但是在对曲面墙壁进行拓扑运算时出现曲面墙壁扭曲的情况。而本书提出的ptTopo_CSGBrep算法在墙面整体建模上没有缺失，并且可以完整地建立出墙面的管孔模型，提供能满足后续进行井内电缆连接的拓扑结构。

在管线连接模块中，根据工井内部点云的实际情况，对多组地下工井模型进行电缆连接，分别对传统的点线化电缆建模方式与本书方法进行了比较，如图7-18所示。

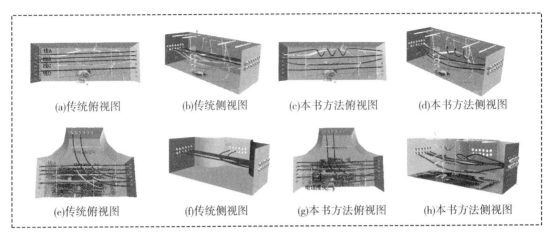

(a)传统俯视图　　(b)传统侧视图　　(c)本书方法俯视图　　(d)本书方法侧视图

(e)传统俯视图　　(f)传统侧视图　　(g)本书方法俯视图　　(h)本书方法侧视图

图 7-18　工井内部多种电缆连接方式比较

从实验结果样例可以看出，采用传统的点线化方法进行电缆连接的工井［图 7-18(a)(b)(e)(f)］，满足了井内相应孔洞的电缆连接需求，但是在造型上仅依靠管孔进行直线连接或者计算曲线插值点进行曲线连接。采用本书方法进行电缆连接的工井［图 7-18(c、d、g、h)］，在满足井内相应孔洞电缆连接需求的基础上，所生成的电缆符合井内电缆点云的实际情况。对于大部分被掩埋而无法由点云获取实际走向的电缆段，如图 7-18(a)中的线 A，本书选择生成螺旋线型电缆盘余，与普通电缆相区别，以便管理者与施工者对井内情况作出判读。对于井内由电缆接头分割的电缆段，在生成符合点云实际走向的电缆后，本书采取选点打断的方式添加电缆接头，分割原电缆段［图 7-18(g)］。

为验证地下电缆 Sweep 造型及地下工井电缆网络拓扑关系的正确性，根据工井内部点云的实际情况，对多组地下工井模型进行电缆连接，并在具有邻接关系的工井之间用管道相连接，选取任意一口井内的任意一根电缆进行电缆信息查询。

如图 7-19 所示，完成 24 口井的井内全要素三维建模，包括具有上、下层关联的双层井(矩形上层井及四曲面下层井)和与上层井通过管道连接的双曲面工井(此处仅显示三口井)。

对于多个单体工井模型通过管孔的对应关系可以进行模型间连接，生成井间管道线路，构成完整的地下电缆网络。对井内任意一根电缆进行拓扑关系查询，查询结果如图 7-20 所示。

在完成对具有外拓扑联系的 24 口工井的全要素建模后，选取任意一口井内的任意一根电缆进行电缆信息查询。从实验结果样例可以看出，本书提出的地下工井电缆网络建模方法可以很好地满足电缆三维模型的建模需求，同时可以实现对任意电缆信息的查询，获得该电缆的起止工井编号、所穿越的工井、当前电缆段所处工井位置及所接供电站等信息，详见图 7-20。

图 7-20 中，Part1 表示当前电缆段所在工井名称以及连接的起始点与终点位置，位置信息中包含了管孔所属面以及管孔序号；Part2 表示与该条电缆在同条线路的其余电缆段

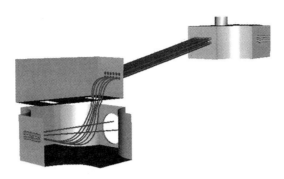

图 7-19 多工井间连接

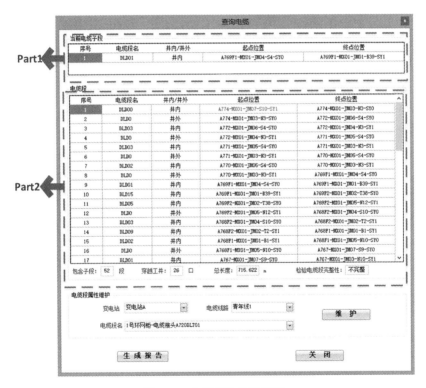

图 7-20 电缆拓扑关系查询

名称及位置信息，这些电缆段的拓扑连接关系依靠管孔生成。

结　语

至此，本书已经对地下工程基础设施的逆向三维重建进行了详细的介绍。

近年来，随着三维激光扫描技术被引入测绘行业，测绘工作者们获取数据的手段和方式得到了极大的改变，数据源的改变带来了技术路线、处理技术、处理手段以及成果展示各个方面的巨大革新。本书正是基于这样一个技术背景，综合地下工程基础设施三维逆向重建这样一个应用环境，一步步细化提炼总结出本书的每个章节。

本书所述内容包括基础设施建筑的形态、三维逆向重建数据源、三维重建算法、可视化手段以及地下管线系统软件的设计。同时全书以地下电缆工井以及多个工井连接起来的地下电缆网络作为样例，穿插全书进行讲解。辅之以地下管线系统软件中在三维几何造型方面的代码，供读者进行学习参考。

参 考 文 献

[1]王舒，宁芊．地下管线空间数据模型及三维可视化[J].软件导刊，2015(2):78-80.

[2]江记洲，郭甲腾，吴立新，等．基于三维激光扫描点云的矿山巷道三维建模方法研究[J].煤矿开采，2016，21(2):109-113.

[3]Adan A，Xiong X，Akinci B，et al. Automatic creation of semantically rich 3d building models from laser scanner data[J]. Automation in Construction, 2013, 31(3):325-337.

[4]Gigli G，Morelli S，Fornera S，et al. Terrestrial laser scanner and geomechanical surveys for the rapid evaluation of rock fall susceptibility scenarios[J]. Landslides, 2014, 11(1):1-14.

[5]卢丹丹，谭仁春，郭明武，等．城市地下管线三维建模关键技术研究[J].测绘通报，2017(5):117-119.

[6]毕天平，孙立双，钱施光．城市地下管网三维整体自动建模方法[J].地下空间与工程学报，2013，9(s1):1473-1476.

[7]李清泉，严勇，杨必胜，等．地下管线的三维可视化研究[J].武汉大学学报:信息科学版，2003，28(3):277-282.

[8]周京春．地下管网三维空间数据模型及自动化精细建模方法研究[D].武汉:武汉大学，2016.

[9]刘军，钱海峰，孙永新．基于Skyline的三维综合地下管线应用与研究[J].城市勘测，2011(4):43-45.

[10]吴思，杨艳梅，王明洋，等．一种真三维地下管线井室自动建模方法[J].测绘科学技术学报，2016，33(4):400-404.

[11]钟远根，戴相喜，李颖捷，等．三维地下管线建模及系统实现研究[J].现代测绘，2014，37(01):25-27.

[12]Zhang T，Liu J，Liu S，et al. A 3D reconstruction method for pipeline inspection based on multi-vision[J]. Measurement, 2017(98):35-48.

[13]扈震，徐狮．地下管网设施三维精细化模拟技术研究[J].中国给水排水，2012，28(17):68-72.

[14]王涛，张毅，徐莹．三维技术辅助设计地下管道内套新管的应用[J].测绘科学技术学报，2014(5):510-513.

[15]谭仁春，卢丹丹，向祎．城市地下管线综合信息平台关键技术研究[J].城市勘测，2017(5):115-118.

[16]卢小平，朱丰，豆喜鹏，等．井上下一体化三维信息管理与应急系统构建[J].测绘通

报，2016(5):107-109.

[17]Edelsbrunner H. Surface Reconstruction by Wrapping Finite Sets in Space[M]. Discrete and Computational Geometry. Springer Berlin Heidelberg, 2003:379-404.

[18]Boissonnat J D, Cazals F. Smooth surface reconstruction via natural neighbour interpolation of distance functions[J]. Computational Geometry Theory & Applications, 2002, 22(1): 185-203.

[19]Vosselman G. Fusion of laser scanning data, maps, and aerial photographs for building reconstruction[C]//Geoscience and Remote Sensing Symposium, 2002. IGARSS '02. 2002 IEEE International. IEEE, 2008, Vol. 1:85-88.

[20]贺彪，李霖，郭仁忠，等. 顾及外拓扑的异构建筑三维拓扑重建[J]. 武汉大学学报(信息科学版)，2011, 36(5):579-583.

[21]Function representation in geometric modeling: concepts, implementation and applications [J]. Visual Computer, 1995, 11(8):429-446.

[22]ChenM, Chen X Y, Tang K, et al. Efficient Boolean Operation on Manifold Mesh Surfaces [J]. Computer-Aided Design and Applications, 2010, 7(3):405-415.

[23]Bernstein GL, Wojtan C. Putting holes in holey geometry: Topology change for arbitrary surfaces[J]. Acm Transactions on Graphics, 2013, 32(4):1-12.

[24]Schmidt R, Brochu T. Adaptive Mesh Booleans[EB/OL]. ResearchGate, 2016.

[25]Jiang X T, Peng Q, Cheng X, et al. Efficient Booleans algorithms for triangulated meshes of geometric modeling[J].2016,13(4):419-430.

[26]朱春晓，黄明，倪春迪. 三维 CSG-BRep 拓扑模型的研究[J]. 测绘工程，2017, 26 (8):20-23.

[27]陈波. 基于构造建体几何(CSG)法的三维重建技术的研究[D]. 苏州:苏州大学,2013.

[28]孙长嵩，韩罡，刘金鑫. 一个基于抽象类层次和扩展 CSG 结构的图形建模方法[J]. 哈尔滨工程大学学报,1998(01):55-60.

[29]杨静，姬雪敏，陈立忠，等. 基于面向对象方法的 CSG 建模[J]. 哈尔滨工程大学学报，2002(03):92-94.

[30]王玮，刘皓. 在 AutoCAD 中用真三维方法绘图[C]//第五届全国计算机应用联合学术会议，1999,12.

[31]王敏. 三维复杂形体表面网格生成方法研究[D]. 南京:南京理工大学，2005.

[32]付翔. 基于虚拟现实技术的混凝土坝裂缝统计仿真系统研究[D]. 郑州:华北水利水电大学，2013.

[33]王寒冰. 基于特征的 BRep→CSG 模型转换方法及其应用[D]. 合肥:合肥工业大学，2013.

[34]Zhuojun Bao, Hans Grabowski. Converting boundary representations to exact bintrees[J]. Computers in Industry, 1998, 37 (1):55-66.

[35]Byung Chul Kim, Duhwan Mun. Feature-based simplification of boundary representation models using sequential iterative volume decomposition[J]. Computers & Graphics, 2014,

38:97-107.

[36]邬伦.地理信息系统:原理、方法和应用[M].北京:科学出版社,2001.

[37]Cockcroft S. A taxonomy of spatial data integrity constraints[J]. Geoinformatica, 1997, 1 (4):327-343.

[38]Borges K A V, Laender A H F, Davis C A. Spatial data integrity constraints in object oriented geographic data modeling[C]// Acm International Symposium on Advances in Geographic Information Systems,1999.

[39]常鑫,郎锐,董建业.基于移动网格点云精简算法的研究[J].测绘工程,2018,27 (5):17-22.

[40]倪小军.点云数据精简及三角网格面快速重构技术的研究与实现[D].苏州:苏州大学,2010.

[41]Zhang R, Zhang L, Chen X, et al. SPIE Proceedings [SPIE Geoinformatics 2006: Remotely Sensed Data and Information-Wuhan, China (Saturday 28 October 2006)] Geoinformatics 2006: Remotely Sensed Data and Information-Segmentation of wooden members of ancient architecture from range image[J]. 2006, 6419:64191K.

[42]Filin S. Surface clustering from airborne laser scanning data[C]//International Archives of Photogrammetry, Remote Sensing and Spatial Information Sciences, vol. XXXIV, part 3A/B, Graz, Austria, 2002:119-124.

[43]Rabbani T, van den Heuvel F A, Vosselman M G. Segmentation of point clouds using smoothness constraints[C]//International Archives of Photogrammetry, Remote Sensing and Spatial Information Sciences, Vol. XXXVI, Part 5, Dresden, Germany, 2006:248-253.

[44]Tahir Rabbani, Frank van den Heuvel. Efficient Hough Transform for Automatic Detection of Cylinders in Point Clouds[C]//ISPRS WG III/3, III/4, V/3 Workshop "Laser scanning 2005", Enschede, the Netherlands, September 12-14, 2005:60-65.

[45]Oude Elberink S J, Vosselman M G. Adding the Third Dimension to a Topographic Database Using Airborne Laser Scanner Data[C]//International Archives of Photogrammetry, Remote Sensing and Spatial Information Sciences, Vol. XXXVI, Part 3, Bonn, Germany, 2006:92-97.

[46]Schnabel R, Wahl R, Klein R. Efficient RANSAC for Point-Cloud Shape Detection[J]. Computer Graphics Forum, 2007, 26(2):214-226.

[47]Schnabel R, Wahl R, Klein R. Shape Detection in Point Clouds[EB/OL]. Computer Graphics Technical Report, No. CG-2006-2, University of Bonn, Bonn, Germany, 2007. http://cg. informatik. uni-bonn. de/docs/publications/2006/cg-2006-2. pdf(Accessed September 21, 2007).

[48]Schnabel R, Wahl R, Wessel R, et al. Shape Recognition in 3D Point Clouds[EB/OL]. Computer Graphics Technical report, No. CG-2007-1, 2007. http://cg. informatik. uni-bonn. de/docs/publications/2006/cg-2006-2. pdf (Accessed September 21, 2007).

[49]曹志民,谷延锋,吴云.机载 LiDAR 点云定量化局部结构信息分析[J].地理空间信

息，2016(2)：10-12.

[50] 谷金良. B 样条边界面法及边界积分方程中的等几何方法研究[D]. 长沙：湖南大学，2012.

[51] 熊运阳. CAD/CAE 中样条曲线曲面的研究[D]. 杭州：浙江大学，2014.

[52] Hooton J, Jones M H, Shur J, et al. A method for the Selection of Algorithms for Form Characterisation of Nominally Spherical Surfaces[J]. Precision Engineering, 1999(25)：39-56.

[53] Hu S M. Wallner J. A second order algorithm for orthogonal projection onto curves and surfaces[J]. Computer Aided Geometric Design, 2005,22 (3)：251-260.

[54] Ma Y L, Hewitt W T. Point inversion and projection for nurbs curve and surface：control polygon approach[J]. Computer Aided Geometric Design,2003, 20 (2)：79-99.

[55] Song H C, Xu X, Shi K L, et al. Projecting points onto planar parametric curves by local biarc approximation[J]. Computers & Graphics, 2014, 38：183-190.

[56] Song H C, Shi K L, Yong J H, et al. Projecting points onto planar parametric curves by local biarc approximation [C]//Pacific Graphics Short Papers. The Eurographics Association, 2014：31-36.

[57] Chen XD, Xu G, Yong J H, et al. Computing the minimum distance between a point and a clamped B-spline surface[J]. Graphical Models, 2009, 71(3)：107-112.

[58] Oh Y T, Kim Y J, Lee J, et al. Efficient point projection to freeform curves and surfaces [C]//Advances in Geometric Modeling and Processing. Springer, 2010：192-205.

[59] Piegl LA, Tiller W. The NURBS book[M]. Springer Berlin Heidelberg, 1997.

[60] Arruda M C D, Lira W W M, Martha L F. Boolean operations on multi-region solids for mesh generation[J]. Engineering with Computers, 2012, 28(3)：225-239.

[61] 陈学工，杨兰，黄伟，等. 三维网格模型的布尔运算方法[J]. 计算机应用, 2013(6)：1543-1545.

[62] 孙锐. 边界表示实体模型简化方法研究[D]. 杭州：浙江大学，2010.

[63] André Maués Brabo Pereira, Marcos Chataignier Arruda, Antônio Carlos de O. Miranda, et al. Boolean operations on multi-region solids for mesh generation[J]. Springer Journal of Engineering with Computers, 2012, 28 (3)：225-239.

[64] Francisco Martínez, Carlos Ogayar, Juan R Jiménez, et al. A simple algorithm for Boolean operations onpolygons[J]. Elsevier Journal of Advances in Engineering Software, 2013, 64：11-19.

[65] 周方晓，李昌华，赵亮. Sweep 造型法在管线三维可视化中的应用[J]. 计算机工程与应用, 2011, 47(7)：162-165.

[66] 汪国平，孙家广，吴学礼. SWEEP 曲面的 NURBS 逼近[J]. 计算机学报, 1998, 21 (9)：844-849.

[67] 汪国平，冯艺东，董士海. SWEEP 曲面中三种定位标架的分析比较[J]. 计算机辅助设计与图形学学报, 2001, 13(5)：455-460.

[68]胡斌. 海量空间数据可视化引擎的研究与实现[D]. 北京:北京航空航天大学, 2010.

[69]姚定忠. 海量地形点云可视化与处理系统的研发[D]. 广州:华南理工大学, 2012.

[70]李勃. 虚拟海洋与三维可视化仿真引擎的研究与开发[D]. 青岛:中国海洋大学, 2013.

[71]李振, 张敏, 黎力. 利用 GPU 加速的海量点云高效绘制[J]. 水资源与水工程学报, 2013, 24(6):16-19.

[72]Floater M S. The approximation order of four-point interpolatory curve subdivision [J]. Journal of Computational & Applied Mathematics, 2011, 236(4):476-481.

[73]王占刚, 潘懋, 屈红刚,等. 三维折剖面的 Delaunay 三角剖分算法[J]. 计算机工程与应用, 2008, 44(1):94-96.

[74]桂琳, 魏志强, 孟祥宾,等. 基于 Delaunay 剖分的地质曲面分割方法及实现[J]. 系统仿真学报, 2009(s1):145-148.

附　录

工 井 节 点

代码	名称	类型
KeyID	主键 ID	INT
ID	ID	VARCHAR（128）
MXMC	模型名称	VARCHAR（128）
SBMC	设备名称	VARCHAR（128）
SBID	设备 ID	VARCHAR（128）
MISSION	所属任务	VARCHAR（128）
ZXD	工井中心点坐标	VARCHAR（128）
ROTATE	旋转角度	VARCHAR（128）
GJMS	工井描述	VARCHAR（128）
JMGC	井面高程	VARCHAR（128）
NDGC	内底高程	VARCHAR（128）
SSMS	所属埋设	VARCHAR（128）
SZDL	所在道路	VARCHAR（128）
JWZ	工井位置	VARCHAR（128）
WJJX	工井外接矩阵	VARCHAR（128）
JLX	井类型	VARCHAR（128）
JG	工井结构代码	VARCHAR（128）
GJCS	工井层数	VARCHAR（128）

管 孔 节 点

代码	名称	数据类型
KeyID	主键 ID	INT
ID	ID	VARCHAR(128)
MXMC	模型名称	VARCHAR(128)
SBMC	设备名称	VARCHAR(128)
SBID	设备 ID	VARCHAR(128)
SSJM	所属截面	VARCHAR(128)
XH	序号	VARCHAR(128)
ZXD	管孔中心点	VARCHAR(128)
LX	管孔类型	VARCHAR(128)
XZ	管孔形状	VARCHAR(128)
ZB	管孔坐标串	VARCHAR(128)
BJ	管孔半径	VARCHAR(128)

电 缆 段 节 点

代码	名称	类型
KeyID	主键 ID	INT
ID	ID	VARCHAR(128)
MXMC	模型名称	VARCHAR(128)
SBMC	设备名称	VARCHAR(128)
ZX	电缆段折线点	VARCHAR(128)
QSLX	起始设备类型	VARCHAR(128)
QSID	起始设备 ID	VARCHAR(128)
ZZLX	终止设备类型	VARCHAR(128)
ZZID	终止设备 ID	VARCHAR(128)
BJ	电缆段半径	VARCHAR(128)
SZC	所在层	VARCHAR(128)
SSDL	所属电缆线路	VARCHAR(128)

电缆管道节点

代码	名称	类型
KeyID	主键 ID	INT
ID	ID	VARCHAR(128)
SBMC	设备名称	VARCHAR(128)
SBID	设备 ID	VARCHAR(128)
MSLX	埋设类型	VARCHAR(128)
MSCD	埋设长度	VARCHAR(128)
MSKD	埋设宽度	VARCHAR(128)
YXZT	运行状态	VARCHAR(128)
YXDW	运行单位	VARCHAR(128)
QDGJ	起点井 ID	VARCHAR(128)
QDJM	起点井连接的截面节点 ID	VARCHAR(128)
ZDGJ	终点井 ID	VARCHAR(128)
ZDJM	终点井连接的截面节点 ID	VARCHAR(128)
N	行数	VARCHAR(128)
M	列数	VARCHAR(128)
MGJJ	埋管间距	VARCHAR(128)
ZB	坐标串	VARCHAR(128)
SSDS	所属地市	VARCHAR(128)

电缆盘余节点

代码	名称	类型
KeyID	主键 ID	INT
ID	ID	VARCHAR(128)
MXMC	模型名称	VARCHAR(128)
ZXD	盘余中心点	VARCHAR(128)
PYCD	盘余长度	VARCHAR(128)
SSDLD	所属电缆段	VARCHAR(128)
SZC	所在层	VARCHAR(128)

电缆头节点

代码	名称	类型
KeyID	主键 ID	INT
ID	ID	VARCHAR（128）
MXMC	模型名称	VARCHAR（128）
SBMC	设备名称	VARCHAR（128）
SBID	设备 ID	VARCHAR（128）
ZXD	电缆头中心点	VARCHAR（128）
ROTATE	旋转角度	VARCHAR（128）
QSID	起始设备 ID	VARCHAR（128）
ZZID	终止设备 ID	VARCHAR（128）
JTLX	接头类型	VARCHAR（128）
SZC	所在层	VARCHAR（128）